从新手到高手

# Visio图形设计
## 从新手到高手 （兼容版）（第2版）

宋翔 / 编著

清华大学出版社
北京

## 内容简介

本书详细介绍了在 Visio 中制作图表需要掌握的绘图技术，以及制作不同类型图表的方法和技巧。本书共 8 章，主要包括绘图前需要了解的基本概念、绘图文件和绘图页的基本操作和管理、自定义设置 Visio 绘图环境、形状的基本概念和特性、绘制和编辑形状、选择文本、输入与编辑文本、设置文本格式、绘制和连接形状、选择形状、调整形状的大小和位置、设置形状的布局和行为、使用容器对形状分组、使用图层管理形状、设置形状的边框和填充效果、为形状添加数据、使用数据图形显示数据、使用主题和样式设置绘图格式、与 AutoCAD 进行整合、创建多种类型的图表等内容。本书附赠案例文件、案例的多媒体视频教程和教学课件。

本书结构系统，内容细致，概念清晰，图文并茂，注重技术细节的讲解，技术与案例并重，避免内容冗余以节省篇幅。本书适合所有使用 Visio 进行图形图表设计的人员，也适合对 Visio 图形图表设计有兴趣的读者，还适合作为各类院校和培训班的 Visio 教材。

**图书在版编目（CIP）数据**

Visio图形设计从新手到高手：兼容版/宋翔编著. —2版. —北京：清华大学出版社，2024.2
（从新手到高手）
ISBN 978-7-302-65478-0

Ⅰ.①V… Ⅱ.①宋… Ⅲ.①图形软件 Ⅳ.①TP391.412

中国国家版本馆CIP数据核字（2024）第042512号

责任编辑：张　敏
封面设计：郭二鹏
责任校对：徐俊伟
责任印制：丛怀宇

出版发行：清华大学出版社
　　　网　　　址：https://www.tup.com.cn，https://www.wqxuetang.com
　　　地　　　址：北京清华大学学研大厦A座　　　邮　　编：100084
　　　社　总　机：010-83470000　　　邮　　购：010-62786544
　　　投稿与读者服务：010-62776969，c-service@tup.tsinghua.edu.cn
　　　质　量　反　馈：010-62772015，zhiliang@tup.tsinghua.edu.cn
　　　课　件　下　载：https://www.tup.com.cn，010-83470236
印　装　者：北京同文印刷有限责任公司
经　　　销：全国新华书店
开　　　本：185mm×260mm　　　印　　张：12　　　字　　数：311千字
版　　　次：2020年7月第1版　　2024年4月第2版　　　印　　次：2024年4月第1次印刷
定　　　价：69.80元

产品编号：102087-01

感谢您选择了本书！本书的第 1 版受到了广大读者的好评和支持，本书第 2 版在第 1 版的基础上，对书中的内容进行了全面更新，对第 1 版中的一些章节进行了优化和调整，去除了冗余内容，并增加了很多实用案例，所有内容都在 Visio 2021 中操作和截图。

编写本书的目的是帮助读者快速掌握 Visio 绘图技术，使用 Visio 制作常用类型的图表，并可达到举一反三的效果，以便制作出类型更广泛的图形和图表。与市面上的同类书籍相比，本书具有以下几个显著特点。

### 1. 概念清晰、图文并茂、技术与案例并重

本书不仅介绍 Visio 绘图的相关概念和操作方法，还介绍使用 Visio 制作多种类型图表的方法和技巧，以及需要注意的问题，并配有大量的图解图示，可使读者轻松学习和掌握书中的内容。

### 2. 结构紧密、系统性强、注重技术细节的讲解

本书结构紧密、系统性强、注重对很多重要知识点在细节上的讲解，而非同类其他书籍中"走流程""流水账"式的简略描述。下面举几个例子：

- 介绍选择文本的方法时，详细说明了使用指针工具、文本工具和文本块工具的操作方法和区别，这些内容在同类书中只是简单介绍且没有指出它们之间的区别。
- 本书对文本和文本块之间的区别进行明确和详细的说明，同类其他书籍中基本没有说明。
- 讲解将数据自动链接到多个形状的内容时，本书详细讲解了操作步骤，以及链接过程中字段匹配的具体条件和链接后的不同结果。在同类其他书籍中只是粗略提及、一笔带过，对读者没有起到任何帮助。
- 介绍使用向导自动创建组织结构图时，对数据源必须具备的几个条件进行了详细说明，同类其他书籍中并未对此进行介绍，这样就会导致读者在创建过程中遇到各种问题和错误。
- 介绍创建很多专业性较强的图表时，为了使读者不会产生"知识断层"的感觉，也会简要介绍图表涉及的一些背景知识。例如，在介绍创建数据库模型图时，会介绍父表和子表的概念。

### 3. 避免内容冗余重复，节省篇幅

本书在讲解技术点和案例操作步骤时，尽量避免在全书中出现重复描述的情况，避免冗余内容，使全书内容非常紧凑，有效节省篇幅。

### 4. 提示、技巧和注意

本书随处可见的提示、技巧和注意等小栏目，能够及时解决读者在学习过程中遇到的问

题，并提供一些技巧性的操作。

本书以 Visio 2021 为主要操作环境，内容本身也同样适用于其他 Visio 版本。本书共 8 章，各章内容的简要介绍如下表所示。

| 章　　名 | 简　　介 |
| --- | --- |
| 第 1 章　快速了解 Visio | 介绍 Visio 的背景信息，以及绘图前需要了解的基本概念 |
| 第 2 章　使用与管理绘图文件和绘图页 | 介绍绘图文件和绘图页的基本操作、使用和管理方法 |
| 第 3 章　自定义设置绘图环境 | 介绍设置 Visio 绘图环境的方法，包括功能区界面、形状、模具、模板等 |
| 第 4 章　绘制和编辑形状 | 介绍 Visio 中形状的基本概念和特性，并从多个方面介绍在 Visio 中绘制和编辑形状的方法 |
| 第 5 章　在绘图中添加文本和图片 | 介绍在绘图中使用文本和图片的方法，包括添加文本、选择文本、编辑文本、设置文本格式、添加和编辑图片等 |
| 第 6 章　为形状添加与显示数据和数据图形 | 介绍在 Visio 中为形状添加数据，以及使用数据图形显示数据的方法 |
| 第 7 章　使用主题和样式改善绘图外观 | 介绍在 Visio 中使用主题和样式设置绘图格式的方法 |
| 第 8 章　Visio 在实际中的应用 | 介绍创建不同类型图表的方法，包括树状图、流程图、组织结构图、网络图、因果图、UML 模型图、数据库模型图、建筑平面布置图、机械部件和组件图、基本电气图，还介绍在 Visio 中整合 AutoCAD 绘图的方法 |

本书适合以下人群阅读：

- 以 Visio 为主要工作环境进行图形图表设计的各行业人员，包括商务办公人员、项目企划专员、网络组建人员、软件设计和开发人员、建筑工程设计人员等。
- 使用 Visio 制作树状图、流程图、组织结构图、网络图、因果图、UML 模型图、数据库模型图、建筑机械电气工程图等不同类型图表的用户。
- 对 Visio 有兴趣或希望掌握 Visio 绘图技术的用户。
- 在校学生和社会求职者。

本书附赠以下资源：

- 本书案例文件。
- 本书案例的多媒体视频教程。
- 本书教学课件。

读者可以扫描下方二维码下载本书的配套资源。

案例文件

视频教程

教学课件

# 目录

第 1 章　快速了解 Visio ⋯⋯⋯⋯⋯⋯⋯⋯⋯⋯⋯⋯⋯⋯⋯⋯⋯⋯⋯⋯⋯⋯⋯⋯⋯⋯⋯⋯⋯ 1

1.1　Visio 简介 ⋯⋯⋯⋯⋯⋯⋯⋯⋯⋯⋯⋯⋯⋯⋯⋯⋯⋯⋯⋯⋯⋯⋯⋯⋯⋯⋯⋯⋯⋯⋯ 1

1.1.1　Visio 的应用领域 ⋯⋯⋯⋯⋯⋯⋯⋯⋯⋯⋯⋯⋯⋯⋯⋯⋯⋯⋯⋯⋯⋯⋯⋯ 1

1.1.2　Visio 版本及其文件格式 ⋯⋯⋯⋯⋯⋯⋯⋯⋯⋯⋯⋯⋯⋯⋯⋯⋯⋯⋯⋯ 2

1.2　Visio 绘图的基本概念和组成元素 ⋯⋯⋯⋯⋯⋯⋯⋯⋯⋯⋯⋯⋯⋯⋯⋯⋯⋯⋯ 2

1.2.1　Visio 绘图的基本概念 ⋯⋯⋯⋯⋯⋯⋯⋯⋯⋯⋯⋯⋯⋯⋯⋯⋯⋯⋯⋯⋯ 2

1.2.2　模板 ⋯⋯⋯⋯⋯⋯⋯⋯⋯⋯⋯⋯⋯⋯⋯⋯⋯⋯⋯⋯⋯⋯⋯⋯⋯⋯⋯⋯⋯⋯ 3

1.2.3　模具 ⋯⋯⋯⋯⋯⋯⋯⋯⋯⋯⋯⋯⋯⋯⋯⋯⋯⋯⋯⋯⋯⋯⋯⋯⋯⋯⋯⋯⋯⋯ 4

1.2.4　形状 ⋯⋯⋯⋯⋯⋯⋯⋯⋯⋯⋯⋯⋯⋯⋯⋯⋯⋯⋯⋯⋯⋯⋯⋯⋯⋯⋯⋯⋯⋯ 4

1.2.5　连接符 ⋯⋯⋯⋯⋯⋯⋯⋯⋯⋯⋯⋯⋯⋯⋯⋯⋯⋯⋯⋯⋯⋯⋯⋯⋯⋯⋯⋯⋯ 5

1.2.6　绘图页 ⋯⋯⋯⋯⋯⋯⋯⋯⋯⋯⋯⋯⋯⋯⋯⋯⋯⋯⋯⋯⋯⋯⋯⋯⋯⋯⋯⋯⋯ 6

1.2.7　绘图资源管理器 ⋯⋯⋯⋯⋯⋯⋯⋯⋯⋯⋯⋯⋯⋯⋯⋯⋯⋯⋯⋯⋯⋯⋯⋯ 6

1.3　熟悉 Visio 界面环境 ⋯⋯⋯⋯⋯⋯⋯⋯⋯⋯⋯⋯⋯⋯⋯⋯⋯⋯⋯⋯⋯⋯⋯⋯⋯⋯ 8

1.3.1　快速访问工具栏 ⋯⋯⋯⋯⋯⋯⋯⋯⋯⋯⋯⋯⋯⋯⋯⋯⋯⋯⋯⋯⋯⋯⋯⋯ 8

1.3.2　功能区 ⋯⋯⋯⋯⋯⋯⋯⋯⋯⋯⋯⋯⋯⋯⋯⋯⋯⋯⋯⋯⋯⋯⋯⋯⋯⋯⋯⋯⋯ 9

1.3.3　绘图区 ⋯⋯⋯⋯⋯⋯⋯⋯⋯⋯⋯⋯⋯⋯⋯⋯⋯⋯⋯⋯⋯⋯⋯⋯⋯⋯⋯⋯⋯ 10

1.3.4　状态栏 ⋯⋯⋯⋯⋯⋯⋯⋯⋯⋯⋯⋯⋯⋯⋯⋯⋯⋯⋯⋯⋯⋯⋯⋯⋯⋯⋯⋯⋯ 10

1.4　使用 Visio 绘图的基本步骤 ⋯⋯⋯⋯⋯⋯⋯⋯⋯⋯⋯⋯⋯⋯⋯⋯⋯⋯⋯⋯⋯⋯ 11

1.4.1　选择模板 ⋯⋯⋯⋯⋯⋯⋯⋯⋯⋯⋯⋯⋯⋯⋯⋯⋯⋯⋯⋯⋯⋯⋯⋯⋯⋯⋯ 11

1.4.2　添加并连接形状 ⋯⋯⋯⋯⋯⋯⋯⋯⋯⋯⋯⋯⋯⋯⋯⋯⋯⋯⋯⋯⋯⋯⋯⋯ 12

1.4.3　在形状中添加文本 ⋯⋯⋯⋯⋯⋯⋯⋯⋯⋯⋯⋯⋯⋯⋯⋯⋯⋯⋯⋯⋯⋯⋯ 14

1.4.4　设置绘图格式和背景 ⋯⋯⋯⋯⋯⋯⋯⋯⋯⋯⋯⋯⋯⋯⋯⋯⋯⋯⋯⋯⋯⋯ 15

1.4.5　保存绘图 ⋯⋯⋯⋯⋯⋯⋯⋯⋯⋯⋯⋯⋯⋯⋯⋯⋯⋯⋯⋯⋯⋯⋯⋯⋯⋯⋯ 17

第 2 章　使用与管理绘图文件和绘图页 ⋯⋯⋯⋯⋯⋯⋯⋯⋯⋯⋯⋯⋯⋯⋯⋯⋯⋯⋯⋯ 19

2.1　绘图文件的基本操作 ⋯⋯⋯⋯⋯⋯⋯⋯⋯⋯⋯⋯⋯⋯⋯⋯⋯⋯⋯⋯⋯⋯⋯⋯⋯ 19

2.1.1　创建基于模板的绘图文件 ⋯⋯⋯⋯⋯⋯⋯⋯⋯⋯⋯⋯⋯⋯⋯⋯⋯⋯⋯ 19

2.1.2　创建空白的绘图文件 ⋯⋯⋯⋯⋯⋯⋯⋯⋯⋯⋯⋯⋯⋯⋯⋯⋯⋯⋯⋯⋯ 20

2.1.3　保存绘图文件 ································································· 20

2.1.4　打开和关闭绘图文件 ······················································ 21

2.1.5　保护绘图文件不被随意修改 ·············································· 22

2.2　创建和管理绘图页 ······························································· 23

2.2.1　添加和删除绘图页 ··························································· 23

2.2.2　显示和重命名绘图页 ························································ 25

2.2.3　调整绘图页的排列顺序 ···················································· 25

2.2.4　设置绘图页的大小和方向 ················································· 26

2.2.5　为绘图页添加背景 ··························································· 27

2.2.6　修改背景 ······································································· 28

2.3　设置绘图的显示方式 ····························································· 29

2.3.1　设置绘图的显示比例 ························································ 29

2.3.2　扫视绘图 ······································································· 30

2.3.3　同时查看绘图的不同部分 ················································· 31

2.4　预览和打印绘图 ·································································· 31

2.4.1　预览绘图的打印效果 ························································ 32

2.4.2　设置纸张的大小和方向 ···················································· 32

2.4.3　设置打印范围和页数 ························································ 33

2.4.4　设置打印份数和页面打印顺序 ············································ 34

第 3 章　自定义设置绘图环境 ····················································· 35

3.1　自定义快速访问工具栏和功能区 ············································· 35

3.1.1　自定义快速访问工具栏 ···················································· 35

3.1.2　自定义功能区 ································································· 37

3.1.3　导出和导入界面配置 ························································ 37

3.2　创建和自定义模具 ······························································· 38

3.2.1　在绘图文件中添加模具 ···················································· 38

3.2.2　创建和保存模具 ······························································ 39

3.2.3　在模具中添加形状 ··························································· 41

3.2.4　修改形状的名称 ······························································ 42

3.2.5　删除模具中的形状 ··························································· 43

3.2.6　恢复内置模具的默认状态 ················································· 43

3.2.7　设置模具的显示方式 ························································ 43

3.3　创建和自定义主控形状 ························································· 45

3.3.1　创建新的主控形状 ··························································· 45

3.3.2　编辑主控形状及其图标 ···················································· 46

3.3.3　为主控形状设置连接点 ···················································· 47

3.3.4　删除主控形状 ································································ 48

3.4　创建模板 ················································································· 48

3.4.1　创建模板 ········································································ 49

3.4.2　设置模板的存储位置 ························································ 49

3.4.3　使用自定义模板创建绘图文件 ············································· 51

**第 4 章　绘制和编辑形状** ·········································································· 52

4.1　理解 Visio 中的形状 ····································································· 52

4.1.1　形状的类型 ····································································· 52

4.1.2　形状的手柄 ····································································· 53

4.1.3　形状的专用功能 ································································ 54

4.1.4　快速找到所需的形状 ·························································· 54

4.2　绘制和连接形状 ········································································· 55

4.2.1　绘制形状 ········································································ 56

4.2.2　自动连接形状 ·································································· 57

4.2.3　自动连接多个形状 ····························································· 59

4.2.4　使用"快速形状"区域 ······················································· 60

4.2.5　使用连接线工具连接形状 ···················································· 61

4.2.6　使用连接符模具连接形状 ···················································· 61

4.2.7　使用静态连接和动态连接 ···················································· 63

4.2.8　在现有形状之间插入形状 ···················································· 64

4.3　选择形状 ················································································· 65

4.3.1　选择单个形状 ·································································· 65

4.3.2　选择多个形状 ·································································· 66

4.4　设置形状的大小、位置、布局和行为 ················································· 68

4.4.1　调整形状的大小和位置 ······················································· 68

4.4.2　使用标尺、网格和参考线定位形状 ··········································· 69

4.4.3　自动排列形状 ·································································· 74

4.4.4　旋转和翻转形状 ································································ 76

4.4.5　设置形状的层叠位置 ·························································· 77

4.4.6　复制形状 ········································································ 77

4.4.7　将多个形状组合为一个整体 ··················································· 79

4.4.8　设置形状的整体布局 ·························································· 80

4.4.9　设置形状的行为 ································································ 81

4.5　使用容器对形状进行逻辑分组 ························································· 83

4.5.1　创建容器 ········································································ 83

4.5.2　设置容器的格式 ································································ 84

4.5.3 锁定和删除容器 ································· 85

4.6 使用图层组织和管理形状 ························· 86

4.6.1 创建图层 ··································· 86

4.6.2 为形状分配图层 ····························· 87

4.6.3 使用图层管理形状 ··························· 87

4.7 设置形状的外观格式 ····························· 89

4.7.1 设置形状的边框和填充 ······················· 89

4.7.2 通过几何运算生成特殊形状 ···················· 90

第 5 章 在绘图中添加文本和图片 ······················· 91

5.1 添加和编辑文本 ································· 91

5.1.1 为形状添加文本 ····························· 91

5.1.2 为连接线添加文本 ··························· 92

5.1.3 为形状添加标注 ····························· 92

5.1.4 在绘图页中的任意位置添加文本 ················· 93

5.1.5 添加文本字段中的信息 ······················· 93

5.1.6 在页眉和页脚中添加文本 ····················· 95

5.1.7 选择文本 ··································· 96

5.1.8 重新定位形状中的文本 ······················· 97

5.1.9 修改和删除文本 ····························· 98

5.1.10 设置文本格式 ····························· 98

5.2 添加和编辑图片 ································· 100

5.2.1 在绘图中添加图片 ··························· 100

5.2.2 调整图片的大小和角度 ······················· 101

5.2.3 剪裁图片 ··································· 101

5.2.4 改善图片的显示效果 ························· 102

5.2.5 将 Visio 图表转换为图片 ····················· 103

第 6 章 为形状添加与显示数据和数据图形 ················· 104

6.1 为形状手动输入数据 ····························· 104

6.1.1 为形状输入数据 ····························· 104

6.1.2 查看形状数据 ······························· 106

6.2 为形状导入外部数据 ····························· 106

6.2.1 导入外部数据 ······························· 107

6.2.2 将数据链接到形状 ··························· 109

6.3 管理形状数据 ··································· 112

6.3.1 修改形状数据 ······························· 112

6.3.2 刷新形状数据 ······························· 112

   6.3.3 取消数据与形状的链接 ·············································· 114

   6.3.4 删除形状数据 ······················································· 114

  6.4 使用数据图形显示形状数据 ············································· 115

   6.4.1 创建数据图形 ······················································· 115

   6.4.2 为形状应用数据图形 ··············································· 122

   6.4.3 更改数据图形的样式 ··············································· 122

   6.4.4 为数据图形添加图例 ··············································· 123

   6.4.5 修改数据图形 ······················································· 124

   6.4.6 删除形状上的数据图形 ············································ 125

第 7 章 使用主题和样式改善绘图外观 ·········································· 126

  7.1 应用 Visio 内置主题 ····················································· 126

  7.2 创建和编辑自定义主题 ··················································· 127

   7.2.1 创建自定义主题 ···················································· 127

   7.2.2 编辑和删除自定义主题 ············································ 128

  7.3 复制主题 ···································································· 129

   7.3.1 复制内置主题 ······················································· 129

   7.3.2 将主题复制到其他绘图文件 ······································ 129

  7.4 编辑形状上的主题 ························································ 130

   7.4.1 禁止对绘图页中的形状设置主题 ································· 130

   7.4.2 禁止对新建的形状设置主题 ······································ 131

   7.4.3 删除形状上的主题 ················································· 132

  7.5 使用样式 ···································································· 132

   7.5.1 创建样式 ···························································· 132

   7.5.2 使用样式为形状设置格式 ········································· 133

第 8 章 Visio 在实际中的应用 ····················································· 135

  8.1 创建树状图 ································································· 135

   8.1.1 创建树状图的基本方法 ············································ 135

   8.1.2 案例实战：创建赛事安排树状图 ································· 137

  8.2 创建流程图 ································································· 139

   8.2.1 了解流程图形状的含义 ············································ 140

   8.2.2 创建流程图的基本方法 ············································ 141

   8.2.3 案例实战：创建会员注册流程图 ································· 143

  8.3 创建组织结构图 ··························································· 147

   8.3.1 手动创建组织结构图 ··············································· 147

   8.3.2 设置组织结构图的整体布局 ······································ 149

8.3.3 更改组织结构图的形状样式 ·········································· 150

8.3.4 指定在形状上显示的信息 ············································ 151

8.3.5 为形状添加图片 ·················································· 152

8.3.6 案例实战：使用外部数据自动创建组织结构图 ························· 152

8.4 创建网络图 ··························································· 157

8.4.1 创建网络图的基本方法 ·············································· 157

8.4.2 案例实战：创建家庭网络设备布局图 ··································· 158

8.5 创建因果图 ··························································· 161

8.5.1 创建因果图的基本方法 ·············································· 161

8.5.2 案例实战：创建市场营销因果图 ······································· 162

8.6 创建软件和数据库模型图 ················································ 165

8.6.1 创建 UML 模型图 ·················································· 165

8.6.2 创建数据库模型图 ·················································· 168

8.7 创建建筑、机械和电气工程图 ············································ 171

8.7.1 创建建筑平面布置图 ················································ 171

8.7.2 创建机械部件和组件图 ·············································· 176

8.7.3 创建基本电气图 ···················································· 177

8.8 整合 AutoCAD 和 Visio ·················································· 178

8.8.1 在 Visio 中打开 AutoCAD 文件 ········································ 178

8.8.2 在 Visio 绘图文件中插入 AutoCAD 图形 ································· 179

8.8.3 在 Visio 中编辑 AutoCAD 绘图 ········································ 180

8.8.4 将 Visio 绘图转换为 AutoCAD 格式 ····································· 182

本章将介绍学习 Visio 所需了解的一些背景信息，包括 Visio 版本及其文件格式、Visio 绘图的基本概念和组成元素、Visio 界面环境等，最后通过一个简单的案例介绍 Visio 绘图的基本步骤。这些内容将为读者快速建立 Visio 绘图的整体框架和核心思想，为后续学习奠定基础。

# 1.1 Visio 简介

本节将对 Visio 的应用领域、Visio 版本及其文件格式进行简要介绍，使读者对 Visio 有一个初步的了解。

## 1.1.1 Visio 的应用领域

由于 Visio 内置了针对各行各业、不同用途的大量模板，所以 Visio 被广泛应用于众多领域：

- 项目管理：通过"日程安排"模板类别中的甘特图、PERT 等模板，可以创建项目进度、工作计划等项目管理模型，从而对项目的流程进度进行更好的设计和管理。
- 企业管理：通过"流程图"和"商务"模板类别中的工作流程图、组织结构图、BPMN、TQM、六西格玛等模板，可以创建企业的业务流程图、组织结构图、质量管理图等企业管理模型，从而对企业的生产、人力、财务等各个方面进行更好的监控和管理。
- 软件设计：通过"软件和数据库"模板类别中的 UML 用例、线框图表等模板，可以创建软件的结构模型或 UI 界面，从而为软件的设计和开发提供帮助。
- 网络结构设计：通过"网络"模板类别中的基本网络图、详细网络图等模板，可以创建从简单到复杂的网络体系结构图。
- 建筑：通过"地图和平面布置图"模板类别中的平面布置图、家居规划、办公室布局、空间规划等模板，可以创建楼层平面图、楼盘宣传图、房屋装修图等。
- 电子：通过"工程"模板类别中的基本电气、电路和逻辑电路、工业控制系统等模板，可以创建电子产品的结构模型。
- 机械：通过"工程"模板类别中的部件和组件绘图模板，可以创建机械工程图。

### 1.1.2  Visio 版本及其文件格式

微软从 Visio 2013 开始为 Visio 绘图文件提供了新的文件格式，新文件格式的扩展名在原文件格式的扩展名的结尾多了一个字母 x 或 m，即 .vsdx 和 .vsdm。新的文件格式以绘图文件中是否包含宏（即 VBA 代码）作为划分标准，使用 .vsdx 格式保存的绘图文件不能包含宏。如果希望绘图文件中包含宏，则必须将绘图文件以 .vsdm 格式保存。如果使用 Visio 早期版本中的 .vsd 格式保存绘图文件，则在文件中可以包含宏。

除了绘图文件之外，Visio 中的模板和模具也都是以文件的形式存储在计算机中。表 1-1 列出了 Visio 2003 以及 Visio 更高版本中包含的主要文件类型及其扩展名。

表 1-1  Visio 文件类型及其扩展名

| Visio 版本 | 文件类型 | 扩展名 |
| --- | --- | --- |
| Visio 2003/2007/2010 | Visio 2003 ～ 2010 绘图 | .vsd |
| Visio 2003/2007/2010 | Visio 2003 ～ 2010 模板 | .vst |
| Visio 2003/2007/2010 | Visio 2003 ～ 2010 模具 | .vss |
| Visio 2013/2016/2019/2021 | Visio 绘图 | .vsdx |
| Visio 2013/2016/2019/2021 | Visio 模板 | .vstx |
| Visio 2013/2016/2019/2021 | Visio 模具 | .vssx |
| Visio 2013/2016/2019/2021 | Visio 启用宏的绘图 | .vsdm |
| Visio 2013/2016/2019/2021 | Visio 启用宏的模板 | .vstm |
| Visio 2013/2016/2019/2021 | Visio 启用宏的模具 | .vssm |

## 1.2  Visio 绘图的基本概念和组成元素

本节将介绍 Visio 绘图的基本概念和组成元素，这些内容是在 Visio 中进行绘图的基础，了解这些内容可以从整体上理解 Visio。

### 1.2.1  Visio 绘图的基本概念

使用 Visio 可以准确、高效地绘制多种类型的图表，提高建模效率，原因有以下两点：

- 在 Visio 中内置了大量专业的形状和图示，这些图形元素体现了相关行业的专业知识和设计规范。利用这些形状工具可以快速创建出适用于特定行业的专业图表。
- Visio 提供了形状之间的多种连接方式，以及形状自身的智能行为方式。利用这些特性可以快速精确地绘制、连接和排列形状，提高图表的制作效率。

模板、模具、形状是任何一个 Visio 绘图的主要组成部分。在开始一个绘图前，都会以一个特定的模板作为起点，这个模板可以是 Visio 内置或用户创建的。无论使用哪种模板创建绘图文件，在模板中都会包含适用于特定行业和图表类型的大量形状，这些形状按照功能或特定逻辑进行分组，每一个分组都是一个"模具"，用户从不同的模具中选择所需的形状，并将它们添加到绘图中，最终创建出所需的图表。

## 1.2.2　模板

模板是 Microsoft Office 中的各个组件，以及其他很多应用程序中一种通用的概念和功能。如果使用过 Word 或 Excel 中的模板，就很容易理解 Visio 中的模板。Visio 中的模板是一种特定类型的 Visio 绘图文件，根据 Visio 不同版本以及绘图文件中是否包含 VBA 代码，模板文件的扩展名可以是 .vst、.vstx 或 .vstm，具体请参考表 1-1。

无论 Visio 是哪个版本，其中都内置了多个模板类别，在每个类别中包含多个模板。例如，在 Visio 2021 中包含商务、地图和平面布置图、工程、常规、日程安排、流程图、网络、软件和数据库 8 种模板，如图 1-1 所示。在"常规"模板类别中包含基本框图、框图和具有透视效果的框图 3 个模板。使用 Visio 内置的模板可以快速创建适用于不同行业、不同用途的图表。

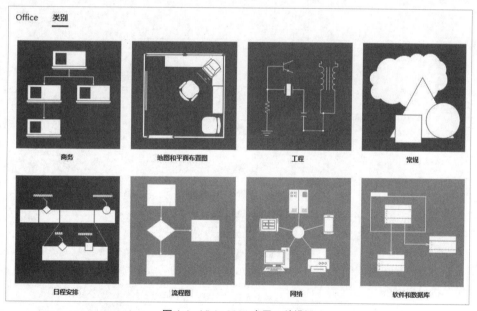

图 1-1　Visio 2021 内置 8 种模板

每个模板都包含用于创建一种专门类型的图表所需使用的工具，这些工具包括：按照功能和用途对形状分组的一个或多个模具、绘图页的页面设置、文本和图形样式以及某些特殊命令。

例如，在"家居规划"模板中包含用于绘制家具、家电、柜子、墙壁的形状，这些形状被划分到不同的模具中。而使用"日程表"模板创建绘图文件时，将自动在功能区中新增一个"日程表"选项卡，其中包含用于设置日期和时间的相关命令。此外，在使用某些模板创建绘图文件时，会显示一个绘图向导，用于引导用户对绘图进行相关的设置。

由于模板也是一种绘图文件，所以可以将一些需要重复使用的图表预先绘制到模板中，以后使用这个模板创建的每个绘图文件中都会包含这些图表。

### 1.2.3 模具

Visio 中的模具是包含不同形状的集合。模具中的形状通常具有一些共同点，它们既可能是创建特定类型图表所需的形状，也可能是同一个形状的多个版本。每个 Visio 模板都包含一个或多个模具，使用模板创建绘图文件时，该模板中的所有模具会自动显示在绘图文件中，用户也可以将其他模板中的模具或自己创建的模具添加到当前绘图文件中。

模具显示在"形状"窗格中，该窗格默认位于绘图文件窗口的左侧。当"形状"窗格中包含多个模具时，只显示当前选中的模具中的形状，其他模具会自动折叠并只显示模具的标题。单击某个模具的标题，即可选中该模具并显示其中的形状。

例如，在使用"基本流程图"模板创建的绘图文件中，包含"基本流程图形状"和"跨职能流程图形状"两个模具，"基本流程图形状"模具只包含一些常见的流程图形状，特殊的流程图形状位于其他模具中，如图 1-2 所示。

图 1-2　模具显示在"形状"窗格中

模具也是一种特定类型的 Visio 文件。根据 Visio 版本的不同，模具文件的扩展名可以是 .vss、.vssx 或 .vssm。

### 1.2.4 形状

形状是一个完整图表中的独立单元或构建基块，它们按照功能或类别分组到不同的模具中。模具中的形状是主控形状，将模具中的主控形状添加到绘图中，就创建了主控形状的一个副本，也可将其认为是主控形状的一个实例，主控形状与实例之间的关系就像模板和使用模板创建的绘图文件。可以在绘图中创建任意数量的主控形状的实例，排列各个实例的位置，然后通过连接符将各个形状连接起来，最终创建出完整的图表。

主控形状定义了一个形状最初的外观格式和行为方式，在绘图中创建完主控形状的实例之后，可以修改实例的外观格式和行为方式，使同一个主控形状的不同实例具有各自不同的外观格式和行为方式。

虽然可以简单地通过拖动的方式将形状添加到绘图中，但是 Visio 中形状的功能要比这个强大得多，主要是因为形状内置的行为和属性使其变得更加智能。例如，将一个门的形状放置到墙的形状上时，门和墙会自动贴合排列，并在墙上打开一个出口，如图 1-3 所示。此外，门的形状包含一些表示门状态的属性，便于识别特定的门。例如，"门宽"和"门高"两个属性控制门的尺寸，"门开启百分比"属性控制门开启的角度大小。

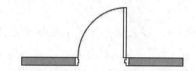

图 1-3　形状的行为和属性使形状更加智能

通过形状上的手柄（控制点）可以快速对形状执行一些常规操作，例如改变形状的大小、角度以及形状特有的操作。手柄是选中形状时在形状上显示的不同颜色的较小的方块或箭头。例如，门的形状右边缘靠上的位置有一个黄色方块，门的底部两侧各有一个绿色方块，门的底部中间位置靠上有一个顺时针方向的箭头，它们都是门的手柄。

## 1.2.5　连接符

Visio 中的连接符是指位于两个形状之间、用于连接两个形状的线条。当移动两个连接在一起的形状时，为了保持两个形状之间始终处于连接状态，它们之间的连接符会随着形状的位置自动调整。

连接符有起点和终点，连接符的起点和终点表示形状之间的连接方向。在一些特殊的连接中，连接符的起点和终点会产生很大影响。例如，在数据库模型中，与连接符起点相连的表是父表，与连接符终点相连的表是子表，使用这种连接方式的两个表用于表示关系模型中的"一对多"关系，客户和商品订单就是一对多关系，一个客户可以有多个订单，但是每个订单只与一个客户相对应。

根据连接符的行为方式，可以将连接符分为直接连接符和动态连接符两种。直接连接符是位于直线上的连接符，可以是水平、垂直或具有一定角度的直线。直接连接符能够通过拉长、缩短和改变角度来保持形状之间的连接。如图 1-4 所示，连接矩形和菱形的就是直接连接符，在这两个形状之间还有一个形状，直接连接符会贯穿该形状。

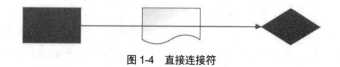

图 1-4　直接连接符

动态连接符比直接连接符更加灵活，这是因为动态连接符可以根据两个形状之间的位置关系和障碍物（即形状），自动进行直角弯曲来绕过障碍物，而不是贯穿障碍物或与其重叠。用户可以拖动动态连接符上的直角顶点或其中某个边缘上的中点来调整连接符的路径。图 1-5 所示的是一个动态连接符，它自动绕过了矩形和菱形之间的形状。

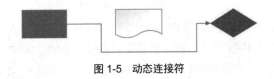

图 1-5　动态连接符

## 1.2.6　绘图页

如果使用过 Word 或 PowerPoint，那么就会发现 Visio 中的绘图页相当于 Word 中的文档页面或 PowerPoint 中的幻灯片，一个绘图中包含的形状、文本、背景等内容都位于绘图页中。

Visio 中的绘图页分为前景页和背景页两种，通常在前景页中放置形状、文本等图表的主要组成部分，在背景页中放置图表的一些辅助信息，例如图表的标题、背景色或图案等，用户可以将同一个背景页设置为多个前景页的背景。

一个绘图文件中可以包含多个绘图页，无论它们是前景页还是背景页，每一页都有独立的标签，单击标签即可切换到相应的绘图页。

## 1.2.7　绘图资源管理器

Windows 操作系统中的文件资源管理器以树状形式显示计算机中的所有磁盘、文件夹和文件。与此类似，Visio 使用绘图资源管理器显示当前绘图文件中的所有对象和元素，并以树状结构分类组织，如图 1-6 所示。

图 1-6　绘图资源管理器

双击类别名称或单击类别名称左侧的 + 号，将展开其中包含的项目，如图 1-7 所示。右击任意类别或其中包含的项目，可以在弹出的菜单中选择相应的命令。在绘图资源管理器中选择某个项目时，在绘图文件中会显示并选中该项目。

例如，"前景页"类别中包含绘图文件中的所有前景页，在该类别中选择一个前景页，对应的绘图页就会显示在绘图区中。每个绘图页的内部还包含一些子类别，这些类别是绘图页中的所有形状和图层，如果展开"形状"类别，则会显示绘图页中每个形状的名称，使用这些名称可以准确地选择相应的形状。如果某个形状由一组更小的形状组成，则可展开该形状以查看其中包含的更小形状。

图 1-7  展开特定类别以查看其中包含的项目

如需显示绘图资源管理器，可以在功能区的"开发工具"选项卡的"显示 / 隐藏"组中勾选"绘图资源管理器"复选框，如图 1-8 所示。

图 1-8  勾选"绘图资源管理器"复选框

在 Visio 功能区中默认不显示"开发工具"选项卡，需要先将"开发工具"选项卡添加到功能区中，才能使用上面的方法显示绘图资源管理器。在功能区中添加"开发工具"选项卡的方法有以下两种：

● 单击"文件"按钮，然后选择"选项"命令，打开"Visio 选项"对话框，切换到"自定义功能区"选项卡，在右侧的列表框中勾选"开发工具"复选框，如图 1-9 所示。

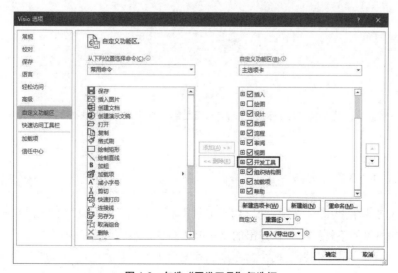

图 1-9  勾选"开发工具"复选框

● 打开"Visio 选项"对话框，单击"高级"选项卡，然后在右侧勾选"以开发人员模式
运行"复选框，如图 1-10 所示。

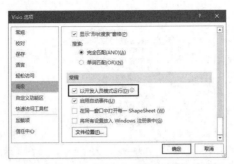

图 1-10 勾选"以开发人员模式运行"复选框

## 1.3 熟悉 Visio 界面环境

Visio 2007 及 Visio 更低版本一直使用传统的菜单栏和工具栏界面环境。从 Visio 2010 开始，微软使用新的功能区界面代替早期版本中的传统界面。如果之前一直使用 Visio 2007 或更低版本，那么通过本节可以快速了解 Visio 的功能区界面和绘图环境。

### 1.3.1 快速访问工具栏

快速访问工具栏位于 Visio 窗口顶部标题栏的左侧，将鼠标指针悬停在快速访问工具栏中的按钮上，将自动显示按钮的名称，该名称是 Visio 中特定命令的名称。如果按钮对应的命令存在等效的快捷键，则会显示在按钮名称右侧的括号中。如图 1-11 所示是"保存"按钮的名称和快捷键。

图 1-11 将鼠标指针悬停在按钮上会显示按钮的名称和快捷键

**注意**

如果按钮显示为灰色，则说明该按钮当前不可用。

快速访问工具栏默认只显示"保存""撤销"和"恢复"（重复）3 个命令，可以单击快速访问工具栏右侧的下拉按钮，在弹出的菜单中选择要在快速访问工具栏中显示的命令。如图 1-12 所示将"新建"和"打开"两个命令添加到快速访问工具栏中，已添加的命令左侧会显示勾选标记。

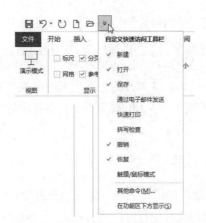

图 1-12　从下拉菜单中选择要添加的命令

**提示**

向快速访问工具栏添加命令的更多方法将在第 3 章进行介绍。

## 1.3.2　功能区

功能区是一个位于 Visio 窗口标题栏的下方、与窗口等宽的矩形区域。功能区由选项卡、组和命令 3 个部分组成，单击选项卡顶部的标签可在不同的选项卡之间切换。每个选项卡中的命令按照功能和用途分为多个组，通过组可以快速找到所需的命令。图 1-13 为"开始"选项卡中的"剪贴板"和"字体"两个组及其中包含的命令。

图 1-13　功能区的组成结构

在执行某些操作时，除了固定显示在功能区中的选项卡之外，功能区中还会临时新增一个或多个选项卡，这些选项卡显示在所有固定选项卡的右侧。例如，当在绘图页中选择图片时，功能区中将新增一个名为"图片工具 | 格式"的选项卡，其中包含的命令用于设置图片的格式，如图 1-14 所示。

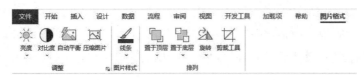

图 1-14　"图片格式"选项卡

如果取消图片的选中状态，"图片格式"选项卡会自动隐藏起来。由于这类选项卡只在执

9

行特定操作时才会显示和隐藏，所以将它们称为"上下文选项卡"。

在选项卡中某些组的右下角有一个 ⌐ 按钮，将这类按钮称为"对话框启动器"。单击对话框启动器将打开一个对话框，该对话框中的选项对应于 ⌐ 按钮所在组中的选项，而且可能还包含一些未显示在组中的选项。例如，在"开始"选项卡中单击"字体"组右下角的对话框启动器 ⌐，将打开"文本"对话框中的"字体"选项卡，其中包含与文本字符格式相关的选项。

### 1.3.3　绘图区

绘图区是在 Visio 中进行绘图的工作区域，该区域主要由绘图页和"形状"窗格两部分组成。在"形状"窗格中显示绘图文件中打开的所有模具，所有已打开模具的标题栏均位于该窗格的上方。单击标题栏将显示相应模具中包含的形状，将模具中的形状拖动到绘图页中，即可在绘图页中绘制该形状。

在一个绘图文件中可以包含多个绘图页，但是当前只能显示一个绘图页中的内容。每个绘图页的名称显示在绘图区的下方，单击名称即可切换到相应的绘图页，并显示其中的内容。图 1-15 是名为"页 -1"的绘图页中的内容，在该绘图文件中还包含"页 -2"和"背景 -1"两个绘图页。

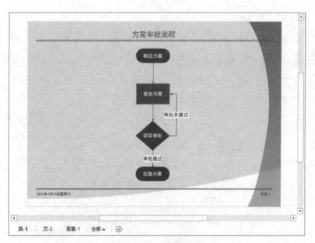

图 1-15　绘图页

### 1.3.4　状态栏

状态栏位于 Visio 窗口的底部，如图 1-16 所示。状态栏的左侧显示与当前绘图相关的一些辅助信息，例如当前显示的是哪一页、一共包含多少页等；右侧提供用于调整绘图页显示比例和窗口切换的控件，使用这些控件可以调整绘图页的显示比例，或在不同的 Visio 窗口之间切换。

图 1-16　状态栏

用户可以选择在状态栏中显示哪些内容，只需右击状态栏，在弹出的菜单中选择需要显示的项目，项目名称左侧的勾选标记表示该项目已显示在状态栏中，如图 1-17 所示。

图 1-17　选择在状态栏中显示的项目

## 1.4　使用 Visio 绘图的基本步骤

为了使读者在一开始就能对 Visio 绘图的整个过程有一个整体的了解，本节将以绘制一个简单的流程图为例，介绍在 Visio 中完成一个绘图的基本步骤。复杂的 Visio 绘图仍需要遵循这些步骤，只不过涉及更多的细节。本节主要介绍的是在 Visio 中绘制一个图表的基本流程，所以不会详细介绍绘制图表过程中涉及的技术细节。

### 1.4.1　选择模板

任何一个绘图都会以某个特定的模板为起点。启动 Visio 应用程序，单击"文件"按钮，然后选择"新建"命令，在进入的界面中选择"类别"选项，再在下方选择一个模板类别，本例选择"流程图"类别，该类别中的模板以缩略图的形式显示其中包含的样例图表，缩略图下方的文字是模板的名称，如图 1-18 所示。

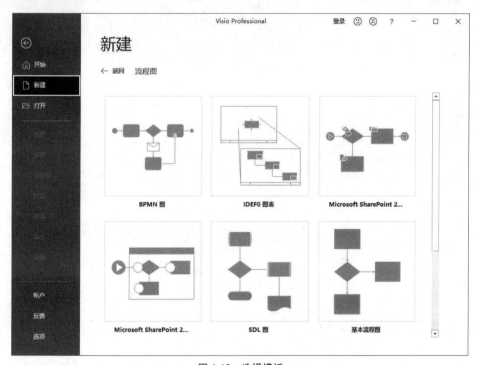

图 1-18　选择模板

选择一个与将要创建的图表比较接近的模板，例如"基本流程图"，将显示如图 1-19 所示

11

的界面，其中包含 4 个模板，第一个是空白模板，其他 3 个模板是同一种图表的不同布局或变体，并且包含样例图表，右侧的文字是当前选中的模板的简要说明。

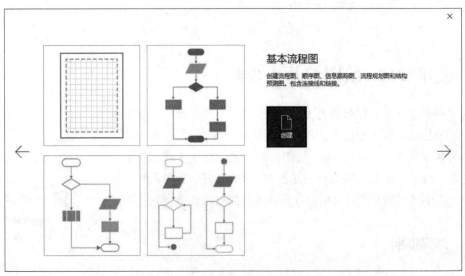

图 1-19　选择模板并查看简要说明

选择好一个模板后，单击"创建"按钮，将使用该模板创建一个绘图文件。本例选择的是空白模板，所以在新建的绘图文件中只显示模板中的模具，而不会显示任何图表，如图 1-20 所示。

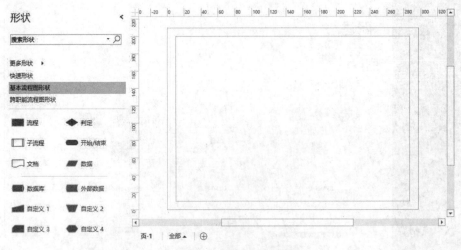

图 1-20　使用空白模板创建的绘图文件

### 1.4.2　添加并连接形状

创建绘图文件后，接下来需要在绘图页中绘制图表，本例要绘制的是如图 1-21 所示的流程图。

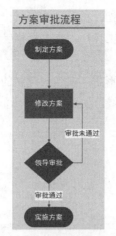

图 1-21　要绘制的流程图

绘制本例流程图的操作步骤如下：

（1）在"形状"窗格中单击"基本流程图形状"模具的标题，显示该模具中的所有形状。如果未显示"形状"窗格，则可以在功能区的"视图"选项卡中单击"任务窗格"按钮，然后在弹出的菜单中选择"形状"命令，如图 1-22 所示。

图 1-22　选择"形状"命令

（2）将"形状"窗格中的"开始 / 结束"形状拖动到绘图页中。如果正好拖动到绘图页的中间位置，则会显示对齐参考线，如图 1-23 所示。

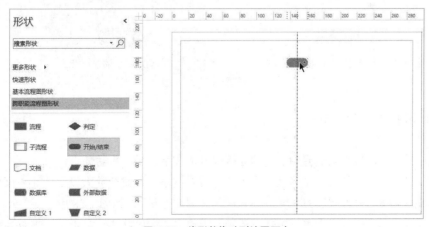

图 1-23　将形状拖动到绘图页中

（3）添加第一个形状后，将鼠标指针移动到该形状上，当出现箭头时，将鼠标指针移动到下方的箭头上，此时会显示一个浮动工具栏，将鼠标指针移动到工具栏中的第一个形状上，即"流程"形状，如图 1-24 所示。

（4）单击浮动工具栏中的第一个形状，在当前形状的下方添加一个"流程"形状，并自动在它们之间绘制一条箭头向下的连接线，如图 1-25 所示。

图 1-24　使用浮动工具栏添加第一个形状　　　图 1-25　绘制第二个形状

（5）使用类似的方法，利用浮动工具栏在第（4）步中添加的"流程"形状下方添加"判定"和"开始 / 结束"两个形状，如图 1-26 所示。

（6）现在需要绘制一条从"判定"形状到其上方的"流程"形状之间的连接线。将鼠标指针移动到"判定"形状上，当该形状的四周显示箭头时，使用鼠标拖动右侧的蓝色箭头，将其拖动到上方的"流程"形状的右侧。拖动过程中会显示一条虚线，当到达"流程"形状右侧边缘的中点时，将显示一个方框，并在附近显示"粘附到连接点"字样，如图 1-27 所示。此时释放鼠标，即可在"判定"形状和"流程"形状之间绘制一条连接线。

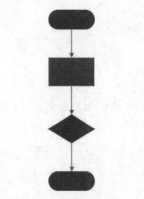 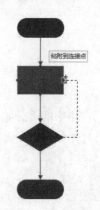

图 1-26　添加第三个和第四个形状　　　图 1-27　添加连接线

### 1.4.3　在形状中添加文本

绘制好图表后，接下来需要为形状和连接线添加文字，操作步骤如下：

（1）双击绘图页中的第一个形状，进入文本编辑状态，此时会放大显示，并在该形状中显示一条闪烁的竖线。输入所需的内容，例如输入"制定方案"，如图 1-28 所示。

（2）单击绘图页中的空白区域或按 Esc 键，退出文本编辑状态，显示比例恢复为原来的大

小。使用类似的方法，在其他 3 个形状中添加文本，内容分别是"修改方案""领导审批"和
"实施方案"，如图 1-29 所示。

图 1-28　在第一个形状中添加文本　　　　图 1-29　在其他形状中添加文本

（3）双击"判定"形状与底部的"开始 / 结束"形状之间的连接线，进入文本编辑状态，
然后输入"审批通过"。使用类似的方法，为"判定"形状与其上方的"流程"形状之间位于
右侧的连接线添加"审批未通过"文本，如图 1-30 所示。

图 1-30　为连接线添加文本

## 1.4.4　设置绘图格式和背景

为形状和连接线添加好文本后，可以对绘图的整体外观进行调整，包括文本的字符格式、
形状的边框和填充色、整个图表的大小等，还可以为绘图添加标题和背景。为本例流程图设置
格式和背景的操作步骤如下：

（1）在绘图页中单击，然后按 Ctrl+A 组合键，选中绘图页中的所有形状及其中包含的文
本，如图 1-31 所示。

（2）在功能区的"开始"选项卡中打开"字号"下拉列表，从中选择字号"16pt"，如图
1-32 所示。

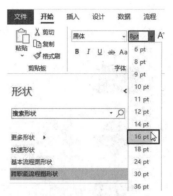

图 1-31　选中绘图页中的所有形状和文本　　　　　图 1-32　选择字号

（3）将鼠标指针移动到图表右下角的方块上，当鼠标指针变为斜向箭头时拖动该方块，将同时改变图表的宽度和高度，如图 1-33 所示。

（4）在功能区的"设计"选项卡中单击"背景"按钮，然后在打开的列表中选择名为"技术"的背景样式，如图 1-34 所示。

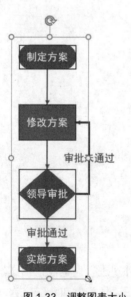

图 1-33　调整图表大小　　　　　图 1-34　选择背景样式

（5）在功能区的"设计"选项卡中单击"边框和标题"按钮，然后选择名为"字母"的边框和标题样式，如图 1-35 所示。

（6）在绘图区的下方单击"背景 -1"，切换到背景页，前两步添加的背景和标题都位于该页中。双击顶部的"标题"，进入文本编辑状态，输入"方案审批流程"，如图 1-36 所示。

图 1-35  选择边框和标题样式

图 1-36  设置图表标题

（7）在绘图页的下方单击"页 -1"，切换到前景页，按 Ctrl+A 组合键选中整个图表，然后调整它的位置，如图 1-37 所示。

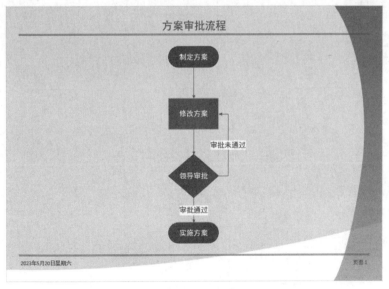

图 1-37  对图表的位置进行调整

## 1.4.5  保存绘图

完成图表的制作后，单击"文件"按钮，然后选择"保存"命令，再选择"浏览"选项，如图 1-38 所示，在打开的"另存为"对话框中设置文件的名称和保存位置，最后单击"保存"按钮，将创建的图表以文件形式保存到计算机中。

图 1-38　选择"浏览"选项

Visio 绘图文件类似于 Word 文档、Excel 工作簿或 PowerPoint 演示文稿，它们都是一种特定类型的文件。Visio 绘图文件中的绘图页类似于 Word 文档中的页面、Excel 工作簿中的工作表或 PowerPoint 演示文稿中的幻灯片，在一个绘图文件中可以包含一个或多个绘图页，在 Visio 中绘制的图表位于绘图页中。本章将介绍绘图文件和绘图页的基本操作、设置和管理方法，它们是进行任何一个 Visio 绘图的基础。

## 2.1 绘图文件的基本操作

在 Visio 中开始一个绘图之前，需要先创建一个绘图文件。在绘图过程中，还会涉及绘图文件的相关操作，包括绘图文件的保存、打开、关闭等。本节将介绍绘图文件的这些基本操作。

### 2.1.1 创建基于模板的绘图文件

Visio 内置了大量的图表模板，适用于各行各业、各种类型的图表。开始绘图前，通常会基于某个模板创建绘图文件，这样可以提高绘图效率，这是因为在大多数模板中包含样例图表，并且附带与特定行业或应用类型相关的一个或多个模具。

启动 Visio 后，单击"文件"按钮，然后选择"新建"命令，在"新建"界面中可以选择模板，或者在搜索框中输入关键字来搜索特定的模板，如图 2-1 所示。

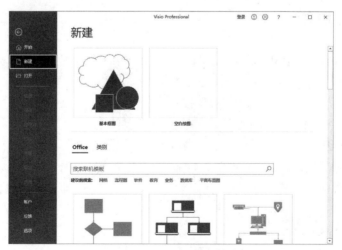

图 2-1　按类别显示模板

如需按照模板类别查看模板，可以单击搜索框上方的"类别"字样，如图 2-2 所示，在进入的界面中选择模板类别，然后选择特定类别中的模板。后续操作与 1.4.1 小节中的内容类似，此处不再赘述。

图 2-2　单击"类别"字样

## 2.1.2　创建空白的绘图文件

有时可能希望完全从零开始绘图，不受任何模板及其附带模具的干扰，此时可以在如图 2-1 所示的"新建"界面中单击"空白绘图"缩略图，然后在如图 2-3 所示的界面中选择尺寸单位，公制单位是毫米，美制单位是英寸。最后单击"创建"按钮，即可创建一个空白绘图文件。

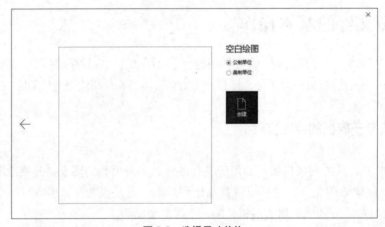

图 2-3　选择尺寸单位

## 2.1.3　保存绘图文件

为了以后可以随时查看和修改绘制的图表，需要将绘图文件保存到计算机中，有以下几种方法：

- 单击快速访问工具栏中的"保存"按钮。
- 单击"文件"按钮，然后选择"保存"命令。
- 按 Ctrl+S 组合键。

无论使用哪种方法，都会进入如图 2-4 所示的"另存为"界面，选择"浏览"选项，在打开的对话框中设置保存位置和文件名，然后单击"保存"按钮，即可将当前绘图文件保存到计算机中。

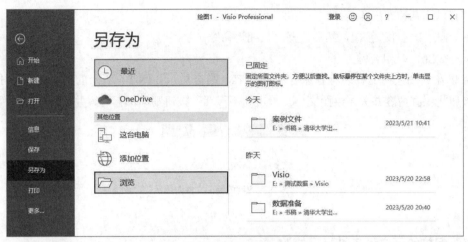

图 2-4　保存新建绘图

如果已将绘图文件保存到计算机中，则在使用上述任意一种方法时，会将新的修改保存到当前绘图文件中，而不会影响用户当前的工作。

### 2.1.4　打开和关闭绘图文件

如果已将一个绘图文件保存到计算机中，则可以在任何时候打开该文件以查看和编辑其中的内容。打开绘图文件有以下几种方法：

- 打开最近使用过的绘图文件：单击"文件"按钮，然后选择"打开"命令，再选择"最近"选项，在右侧选择最近使用过的绘图文件，如图 2-5 所示。
- 打开计算机中的绘图文件：单击"文件"按钮，然后选择"打开"命令，再选择"浏览"选项，在"打开"对话框中双击要打开的绘图文件。
- 按 Ctrl+O 组合键。

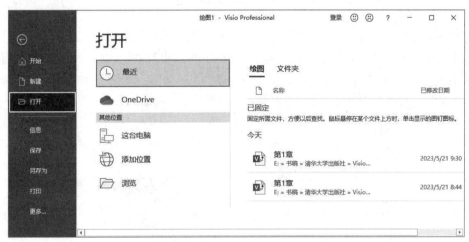

图 2-5　打开最近使用过的绘图文件

关闭绘图文件并不会退出 Visio 程序，只是将当前绘图文件从 Visio 程序中关闭。关闭绘图文件有以下几种方法：

● 单击"文件"按钮，然后选择"关闭"命令。

● 按 Ctrl+W 组合键。

如果在关闭绘图文件时存在未保存的内容，则会显示如图 2-6 所示的对话框，单击"保存"按钮将保存内容并关闭绘图文件，单击"不保存"按钮则不保存内容并关闭绘图文件。

图 2-6 关闭包含未保存内容的绘图文件时显示的提示信息

### 2.1.5 保护绘图文件不被随意修改

为了避免用户随意修改已经绘制完成的图表，可以对其中的形状和连接线实时保护。先在绘图区中选择要保护的一个或多个形状，然后在功能区的"开发工具"选项卡中单击"保护"按钮，在"保护"对话框中选择要实施保护的项目，最后单击"确定"按钮，如图 2-7 所示。

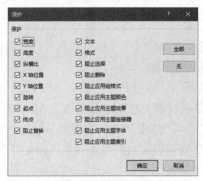

图 2-7 选择要保护的项目

即使在"保护"对话框中勾选"阻止选择"复选框，用户仍然可以在绘图区中选择形状。如需使该项保护生效，即禁止用户选择形状，需要打开绘图资源管理器，然后右击绘图资源管理器顶部的绘图文件的名称，在弹出的菜单中选择"保护文档"命令，如图 2-8 所示。在打开的"保护文档"对话框中勾选"形状"复选框，最后单击"确定"按钮，如图 2-9 所示。

图 2-8 选择"保护文档"命令

图 2-9 勾选"形状"复选框

> **提示**
>
> 在"保护文档"对话框中可以对绘图文件中的其他元素实施保护，例如勾选"背景"复选框，将对绘图文件中的背景页实施保护。保存绘图文件并重新打开它，背景页将处于隐藏状态。

## 2.2　创建和管理绘图页

Visio 中的绘图页是放置图表及其相关内容（例如图表标题、制作日期和背景）的地方，掌握绘图页的相关操作，可以更好地控制图表在页面中的呈现方式。本节将介绍创建和管理绘图页方面的操作。

### 2.2.1　添加和删除绘图页

创建绘图文件时，其中默认只有一个绘图页，用户可以继续添加更多的绘图页，有以下几种方法：

- 在功能区的"插入"选项卡中单击"新建页"按钮上的下拉按钮，然后在弹出的菜单中选择要添加的绘图页类型，其中的"空白页"是指前景页，如图 2-10 所示。
- 单击绘图页名称右侧的"插入页"按钮⊕，或者按 Shift+F11 组合键，都将添加一个前景页，如图 2-11 所示。

图 2-10　使用功能区命令添加绘图页

图 2-11　使用"插入页"按钮添加绘图页

- 右击绘图页的名称，在弹出的菜单中选择"插入"命令，打开"页面设置"对话框的"页属性"选项卡，如图 2-12 所示。通过"前景"和"背景"选项指定添加前景页或背景页，在"名称"文本框中输入绘图页的名称，还可以设置绘图页的度量单位。完成后单击"确定"按钮，即可添加前景页或背景页。

对于不再需要的绘图页，应该及时将它们从绘图文件中删除，只需右击绘图页的名称，在弹出的菜单中选择"删除"命令，如图 2-13 所示。一次只能删除一个绘图页，一个绘图文件中至少要保留一个绘图页。

如需一次性删除多个绘图页，可以将"删除页"命令添加到快速访问工具栏中。打开"Visio 选项"对话框中的"快速访问工具栏"选项卡，在左侧顶部的下拉列表中选择"不在功能区中的命令"选项，然后在其下方的列表框中选择"删除页"命令，再单击"添加"按钮，如图 2-14 所示。

图 2-12　使用"页面设置"对话框添加绘图页

图 2-13　选择"删除"命令

图 2-14　添加"删除页"命令

单击快速访问工具栏中的"删除页"按钮，打开"删除页"对话框，拖动鼠标快速选择连续的多个绘图页，或者按住 Ctrl 键后单击不连续的多个绘图页以将它们选中，如图 2-15 所示。单击"确定"按钮，将删除所有选中的绘图页。

图 2-15　使用"删除页"对话框删除多个绘图页

## 2.2.2　显示和重命名绘图页

如果一个绘图文件中有多个绘图页，开始绘图前需要先选择一个绘图页，形状将被绘制到这个绘图页中。单击一个绘图页的名称，即可选择并激活该绘图页，在 Visio 窗口中将显示该绘图页中的内容，绘图页的名称显示为加粗字体。

如果绘图页的数量较多，则可以单击绘图页名称右侧的"全部"按钮，或者按 Alt+F3 组合键，然后在打开的列表中选择要激活的绘图页，如图 2-16 所示。

为了更容易识别不同的绘图页，可以为绘图页设置一个有意义的名称。右击绘图页的标签，在弹出的菜单中选择"重命名"命令，然后输入所需的名称并按 Enter 键，如图 2-17 所示。

图 2-16　从列表中选择要激活的绘图页

图 2-17　修改绘图页的名称

## 2.2.3　调整绘图页的排列顺序

如果一个绘图文件有多个绘图页，则可以随意调整绘图页的排列顺序，这项操作只适用于前景页。使用鼠标将绘图页的名称拖动到目标位置，即可改变绘图页的位置，拖动过程中显示的黑色三角指示当前移动到的位置，如图 2-18 所示。

调整绘图页排列顺序的另一种方法是使用"重新排序页"对话框。右击任意一个绘图页的名称，在弹出的菜单中选择"重新排序页"命令，打开"重新排序页"对话框，在列表框中选择要调整的绘图页，然后单击"上移"或"下移"按钮，如图 2-19 所示，完成后单击"确定"按钮。

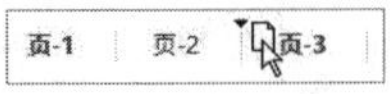

图 2-18　通过拖动绘图页的名称来移动绘图页

图 2-19　调整绘图页的位置

**提示**

如果绘图页的名称是 Visio 默认的"页 -1""页 -2"等名称，则在"重新排序页"对话框中勾选"更新页名称"复选框时，调整排列顺序后的绘图页的名称会自动重新编号。例如，如果 3 个绘图页的原始顺序是"页 -1""页 -2""页 -3"，当在"重新排序页"对话框中将"页 -3"移动到"页 -1"之前，那么原来的"页 -3"会自动重命名为"页 -1"，原来的"页 -1"会自动重命名为"页 -2"，原来的"页 -2"会自动重命名为"页 -3"。

### 2.2.4　设置绘图页的大小和方向

在使用一些模板创建绘图文件时，模板会自动确定绘图页的大小和方向。用户可以根据实际情况，更改绘图页的大小和方向。当绘图文件包含多个绘图页时，每个绘图页都可以拥有不同的大小和方向。需要了解的是，Visio 中的页面大小与纸张大小是独立分开设置的，两者的尺寸可以相同，也可以不同。

在绘图区的下方右击需要更改页面格式的绘图页的名称，然后在弹出的菜单中选择"页面设置"命令，如图 2-20 所示。

打开"页面设置"对话框，在"页面尺寸"选项卡中设置绘图页的大小和方向，如图 2-21 所示。

- 允许 Visio 按需展开页面：选择该选项时，页面大小由纸张大小决定，这意味着用户无法指定页面的大小，当调整纸张大小时，页面大小会随之同步改变。选择该选项相当于在功能区的"设计"选项卡中单击"自动调整大小"按钮。该选项的另一个功能是，当绘制的形状超出当前绘图页的边界时，为了容纳超出边界的形状，绘图页会自动扩展出一个或多个相同规格的页面。
- 预定义的大小：选择该选项时，可从 Visio 提供的页面尺寸方案中选择页面的大小。
- 自定义大小：选择该选项时，由用户输入页面的宽度和高度。
- 纵向和横向：选择页面的方向。

图 2-20　选择"页面设置"命令

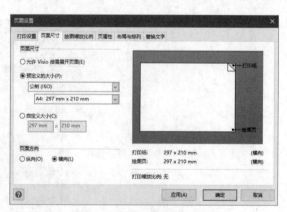

图 2-21　设置页面的大小和方向

### 2.2.5　为绘图页添加背景

为绘图页添加背景有两种方法：一种是选择 Visio 预置的背景样式以及边框和标题样式，此时会自动创建一个背景页并将其设置为当前前景页的背景。另一种是手动创建背景页并在其中添加作为背景的内容，然后将背景页设置为某个前景页的背景。用户可以将同一个背景页分配给多个前景页作为它们的背景，使多个前景页拥有相同的背景。

Visio 预置了一些背景图案以及边框和标题样式，使用这些元素可以为前景页添加背景。首先选择要添加背景的前景页，然后在功能区的"设计"选项卡中单击"背景"或"边框和标题"按钮，在打开的列表中选择背景图案以及边框和标题样式，如图 2-22 所示。

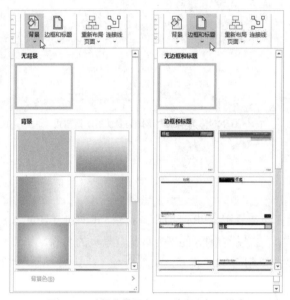

图 2-22　选择背景图案以及边框和标题样式

无论选择的是背景图案还是标题和边框，Visio 都会自动添加一个名为"背景 -1"的背景页，其中包含用户选择的背景图案、标题和边框，如图 2-23 所示。即使为一个前景页同时选择了背景图案以及标题和边框样式，Visio 也只会将所有内容显示在同一个背景页中。

图 2-23　Visio 自动添加的背景页

　　如需为多个前景页设置相同的背景，可以先创建好所需的背景页，然后在绘图区下方右击需要设置背景的前景页中的任意一个前景页的名称，在弹出的菜单中选择"页面设置"命令，打开"页面设置"对话框，在"页属性"选项卡的"背景"下拉列表中选择所需的背景页，最后单击"确定"按钮，如图 2-24 所示。对其他需要设置背景的前景页执行相同的操作。

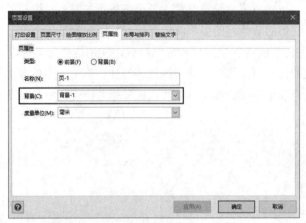

图 2-24　为前景页选择需要使用的背景页

### 2.2.6　修改背景

　　通过选择 Visio 预置的背景图案以及边框和标题样式创建背景页之后，用户可以在背景页中修改这些元素的格式。只需在绘图区的下方单击背景页的名称，然后右击该背景页中的空白处，在弹出的菜单中选择"组合"|"打开活力"命令（此处的"活力"是背景图案的名称），如图 2-25 所示。

图 2-25　解除背景图案的组合状态

　　此时打开另一个窗口，按 Ctrl+A 组合键，将选中背景图案中的所有组成部分。如图 2-26 所示的背景图案看起来由 3 个部分组成，但实际上它由 4 个部分组成。为了确切了解各个组成部分，可以分别选择不同的部分，然后按 Delete 键将其删除。重复执行该操作，就可以确定组成背景图案的都有哪些元素。用户可以为背景图案中的各个部分设置格式，因为这些部分都是形状，所以可以为它们设置形状具有的格式，例如填充色和边框。

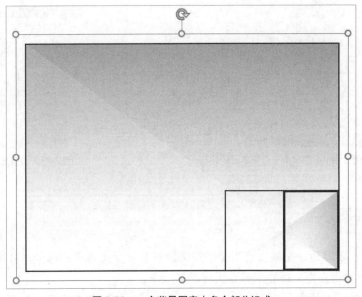

图 2-26　一个背景图案由多个部分组成

除了修改背景页中的预置图案、边框和标题之外，用户还可以在背景页中添加所需的内容，例如输入文本、插入图片或图标、绘制形状等。

## 2.3　设置绘图的显示方式

在绘图过程中可能经常需要在绘图的整体和局部之间反复查看，Visio 中的显示比例和扫视两种工具可以使这项工作变得简单。本节将介绍设置绘图显示方式的几种方法。

### 2.3.1　设置绘图的显示比例

改变绘图的显示比例只是放大或缩小绘图中各个元素的显示效果，并不会改变各个元素的实际大小。设置显示比例的主要方式是使用状态栏右侧的显示比例控件，有以下几种方法：

- 单击显示比例控件上的 + 按钮将放大显示绘图，单击 - 按钮将缩小显示绘图。
- 将显示比例控件上的滑块向右拖动会放大显示绘图，将该滑块向左拖动会缩小显示绘图。
- 显示比例控件右侧的百分比数字表示当前设置的显示比例，该数字是一个可以单击的按钮，如图 2-27 所示。单击该数字，可以在打开的"缩放"对话框中选择或输入显示比例的值，如图 2-28 所示。
- 单击显示比例控件右侧的■按钮，根据当前 Visio 窗口的大小，自动将绘图的显示比例调整为适应当前窗口的大小。

除了上述方法之外，还可以按住 Ctrl 键，然后滚动鼠标滚轮，向上滚动将增大显示比例，向下滚动将减小显示比例。

图 2-27　显示比例控件中的数字是一个可单击的按钮

图 2-28　设置显示比例

### 2.3.2　扫视绘图

"扫视"的主要用途是在放大绘图时快速定位到想要重点查看的部分，其本质也是调整显示比例。如需使用"扫视"功能，需要执行以下操作之一：

● 右击状态栏中的空白处，在弹出的菜单中选择"扫视和缩放窗口"命令，将在状态栏中显示"扫视和缩放窗口"按钮，然后单击该按钮。

● 在功能区的"视图"选项卡中单击"任务窗格"按钮，然后在弹出的菜单中选择"平铺和缩放"命令。

无论执行上述哪种操作，都会打开"扫视和缩放"窗格，其中显示当前绘图的缩小版视图，如图 2-29 所示。

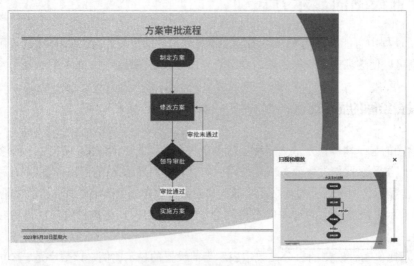

图 2-29　"扫视和缩放"窗格

在"扫视和缩放"窗格中沿矩形区域拖动鼠标，释放鼠标按键后，整个绘图将被放大，但是只有位于矩形区域中的部分显示在窗口中，如图 2-30 所示。放大绘图后，可以在"扫视和缩放"窗格中拖动矩形框来改变显示在窗口中的内容，拖动矩形框的边框或角点可以调整矩形区域的大小。

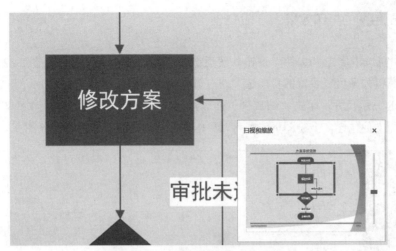

图 2-30　放大显示需要重点查看的内容

### 2.3.3　同时查看绘图的不同部分

如果绘图包含大量元素，则可能需要在两个部分之间频繁切换，以便查看和对比。此时可以在功能区的"视图"选项卡中单击"新建窗口"按钮，为当前绘图添加第二个窗口，其中也会显示当前绘图。用户可以在两个窗口中显示同一个绘图的不同部分，或者设置不同的显示比例。如果需要，可以为同一个绘图添加多个窗口。

在不同窗口之间切换有以下两种方法：

● 单击状态栏中的"切换窗口"按钮 ，在弹出的菜单中选择所需的窗口，如图 2-31 所示。

● 在功能区的"视图"选项卡中单击"切换窗口"按钮，然后在弹出的菜单中选择所需的窗口，如图 2-32 所示。

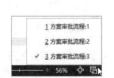

图 2-31　状态栏中的"切换窗口"按钮　　　图 2-32　功能区中的"切换窗口"按钮

## 2.4　预览和打印绘图

为了保留纸质版的绘图，可以将绘制好的图表打印到纸张上。打印前可以先预览绘图的打印效果，对存在的问题及时更正。本节将介绍预览打印效果和设置打印选项的方法。

### 2.4.1　预览绘图的打印效果

在 Visio 窗口中单击"文件"按钮，然后选择"打印"命令，进入如图 2-33 所示的"打印"界面，左侧列出可以设置的打印选项，右侧显示绘图的打印效果。使用底部的控件可以调整预览效果的显示尺寸，单击"缩放到页面"按钮 ⊕ ，会自动调整绘图的大小以便完整显示它。如果绘图文件包含多个绘图页，则可以单击左箭头和右箭头查看各个绘图页的打印效果。

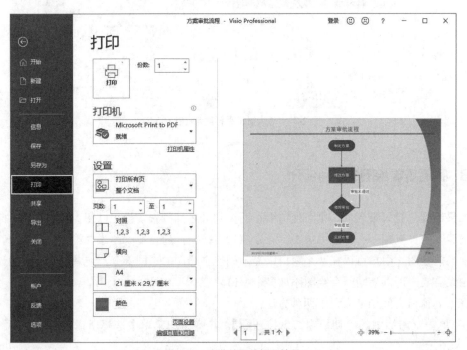

图 2-33　预览绘图的打印效果

如果预览的打印效果没有问题，则可以单击界面上方的"打印"按钮，开始打印绘图。否则，可以使用界面左侧的选项修改打印方面的设置，以便改善打印效果。

### 2.4.2　设置纸张的大小和方向

在"打印"界面中可以设置纸张的大小和方向，如图 2-34 所示。如需将绘图打印在纸张的正中间，可以按照以下步骤操作：

（1）在"打印"界面中单击"页面设置"选项。

（2）打开"页面设置"对话框，在"打印设置"选项卡中单击"设置"按钮，如图 2-35所示。

（3）打开"打印设置"对话框，勾选"水平居中"和"垂直居中"两个复选框，然后单击"确定"按钮，如图 2-36 所示。

图 2-34　设置纸张的大小和方向

图 2-35　单击"设置"按钮

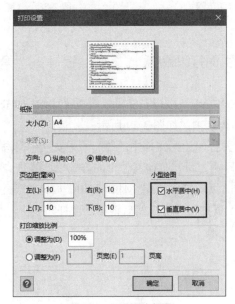

图 2-36　设置居中打印

## 2.4.3　设置打印范围和页数

Visio 默认会打印绘图文件中的所有绘图页，用户可以指定需要打印的绘图页或特定的形状，而非打印所有绘图页中的所有内容。在"打印"界面中打开"设置"字样下方的第一个下拉列表，从中选择需要打印的绘图页范围，如图 2-37 所示。

如果选择列表中的"自定义打印范围"选项，则可以在下方的两个文本框中输入需要打印的起始页和结束页，这样只会打印指定范围内的绘图页。图 2-38 所示打印的是第 3 ～ 6 页。

图 2-37 选择打印范围

图 2-38 自定义打印的绘图页范围

### 2.4.4 设置打印份数和页面打印顺序

在"打印"界面上方的"打印"按钮右侧可以设置打印绘图页的份数，还可以在下方设置页面的打印顺序，有以下两个选项，如图 2-39 所示。

● 对照：按照页码逐页打印绘图文件中的每一页。如需打印多份，则会先逐页打印完第一份，才会开始打印第二份，打印其他份的方式以此类推。

● 非对照：基于相同的页码打印绘图文件。例如，如需将一个总共 3 页的绘图文件打印 3 份，则会先将第 1 页打印 3 份，然后将第 2 页打印 3 份，最后将第 3 页打印 3 份。

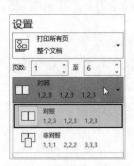

图 2-39 设置页面输出顺序

开始绘图前，为了提高绘图效率，可以先对 Visio 绘图环境进行一些设置。绘图环境不仅包括功能区和快速访问工具栏等 Visio 界面元素，还包括形状、模具、模板等绘图工具。本章将介绍自定义设置 Visio 绘图环境的方法。

## 3.1　自定义快速访问工具栏和功能区

绘图时总会有一些需要频繁使用的命令，为了加快执行这些命令的速度，可以将它们添加到快速访问工具栏中。如果命令较多，则可以将这些命令添加到功能区中现有的选项卡中，甚至可以在功能区中创建新的选项卡，以便将用户所需使用的所有命令放置到同一个选项卡中，并在其中创建组来进行分类管理。本节将介绍自定义快速访问工具栏和功能区的方法。

### 3.1.1　自定义快速访问工具栏

快速访问工具栏位于 Visio 窗口的顶部，由于快速访问工具栏位置的优越性，用户可以将使用率最高的命令添加到快速访问工具栏中，从而提高执行这些命令的速度。

单击快速访问工具栏右侧的下拉按钮 ▽，在弹出的菜单中选择要添加到快速访问工具栏中的命令，命令开头显示勾选标记表示该命令已被添加到快速访问工具栏，如图 3-1 所示。

如需将功能区中的命令添加到快速访问工具栏，可以在功能区中右击需要添加的命令，然后在弹出的菜单中选择"添加到快速访问工具栏"命令，如图 3-2 所示。

图 3-1　在菜单中选择要添加的命令

图 3-2　选择"添加到快速访问工具栏"命令

如果需要添加的命令不在上述两个位置，则可以右击快速访问工具栏，在弹出的菜单中选择"自定义快速访问工具栏"命令，打开"Visio 选项"对话框的"快速访问工具栏"选项卡，在左侧上方的下拉列表中选择"不在功能区中的命令""所有命令"或"'文件'选项卡"等选项，这些选项是对命令的分组，如图 3-3 所示。

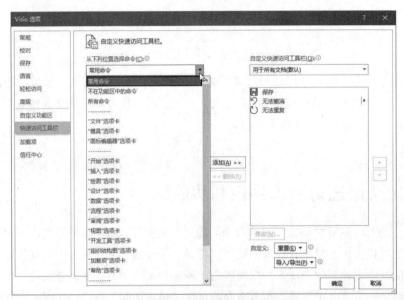

图 3-3　选择"不在功能区中的命令"选项

在左侧下方的列表框中将显示所选类别中的命令，选择要添加的命令，然后单击"添加"按钮，将该命令添加到右侧的列表框中，单击"上移"按钮■或"下移"按钮■可以调整各个命令的排列顺序，如图 3-4 所示。位于右侧列表框中的命令就是显示在快速访问工具栏中的命令。

图 3-4　将命令添加到快速访问工具栏

删除快速访问工具栏中的命令有以下两种方法：

- 打开"Visio 选项"对话框的"快速访问工具栏"选项卡，在右侧的列表框中选择要删除的命令，然后单击"删除"按钮。
- 在快速访问工具栏中右击要删除的命令，然后在弹出的菜单中选择"从快速访问工具栏删除"命令。

## 3.1.2　自定义功能区

如果经常使用的命令有很多，则可以将它们添加到功能区中现有的某个组中，容纳这些命令的组必须是用户创建的，不能是 Visio 内置的。或者在功能区中新建一个选项卡，然后将所有常用的命令分成多个组，并添加到新建的选项卡中。

如需将命令添加到功能区中，可以右击功能区，在弹出的菜单中选择"自定义功能区"命令，打开"Visio 选项"对话框的"自定义功能区"选项卡，如图 3-5 所示。该界面与自定义快速访问工具栏时的界面类似，主要区别是在右侧的列表框中选择需要将命令添加到哪个组中。单击"新建选项卡"和"新建组"两个按钮，可以在功能区中创建新的选项卡和组，单击"重命名"按钮可以修改选项卡、组和命令的名称。

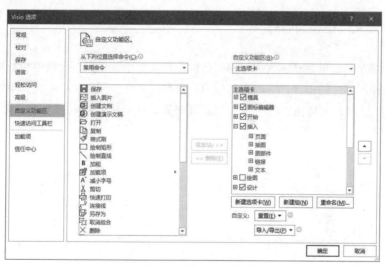

图 3-5　自定义功能区

## 3.1.3　导出和导入界面配置

为了在重装系统后快速将 Visio 界面恢复到以前设置好的状态，或者想要让其他计算机中安装的 Visio 具有相同的界面，可以先在一台计算机中设置好 Visio 的快速访问工具栏和功能区，然后打开"Visio 选项"对话框中的"自定义功能区"选项卡或"快速访问工具栏"选项卡，单击"导入 / 导出"按钮，在弹出的菜单中选择"导出所有自定义设置"命令，如图 3-6 所示。再设置导出的文件名和保存位置，最后单击"保存"按钮。

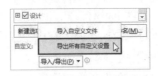

图 3-6　导出界面配置信息

　　当需要恢复原来的界面配置时，只需选择图 3-6 中的"导入自定义文件"命令，然后双击已经保存到计算机中的界面配置文件即可。

## 3.2　创建和自定义模具

　　模具用于分类存放不同类型和用途的主控形状，以便用户可以快速找到所需的主控形状。位于模具中的形状都是主控形状，将一个主控形状拖动到绘图区，就创建了该主控形状的一个实例，主控形状与其实例之间的关系类似于模板和绘图文件的关系。为了提高绘图效率，用户可以创建新的模具，并将常用的主控形状添加到新建的模具中，以便将所需使用的所有形状集中显示在同一个模具中。本节将介绍创建和自定义模具的方法。

### 3.2.1　在绘图文件中添加模具

　　无论使用哪个模板创建绘图文件，在创建的绘图文件中默认只包含所用模板中包含的模具和形状。如需使用更多的形状，可以将其他模具添加到当前绘图文件中。只需单击"形状"窗格中的"更多形状"，在弹出的菜单中选择模具类别，然后选择模具子类别或模具，如图 3-7 所示。

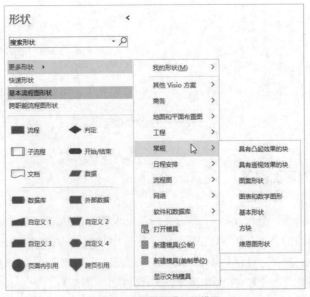

图 3-7　选择需要添加的模具

选择一个模具后，该模具将显示在"形状"窗格中，如图 3-8 所示。如果不再使用某个模具，则可以在"形状"窗格中右击该模具的标题，然后在弹出的菜单中选择"关闭"命令，即可从"形状"窗格中移除该模具，如图 3-9 所示。

图 3-8　添加的模具显示在"形状"窗格中　　　　图 3-9　选择"关闭"命令

提示

为了增大绘图区的空间，可以单击"形状"窗格顶部的箭头，将"形状"窗格折叠起来，如图 3-10 所示。如需恢复"形状"窗格的原始大小，可以再次单击该窗格顶部的箭头。

图 3-10　使"形状"窗格最小化

## 3.2.2　创建和保存模具

用户可以创建新的模具，然后将所需的形状添加到新建的模具中。创建模具有以下两种方法：

- 在"形状"窗格中单击"更多形状"，然后在弹出的菜单中选择"新建模具（公制）"或"新建模具（美制单位）"命令，可参考图 3-7。
- 在功能区中显示"开发工具"选项卡，然后单击该选项卡中的"新建模具（公制）"或"新建模具（美制单位）"按钮，如图 3-11 所示。

图 3-11　使用"开发工具"选项卡中的命令创建模具

无论使用哪种方法，都会在"形状"窗格中添加一个模具。右击该模具的标题，在弹出的菜单中选择"保存"命令，如图 3-12 所示。然后在弹出的"另存为"对话框中设置模具的名称和存储位置，单击"保存"按钮，将模具以文件的形式保存到计算机中。

图 3-12　选择"保存"命令

用户创建的模具默认存储在以下位置（假设 Windows 操作系统安装在 C 盘），其中的"< 用户名 >"表示当前登录 Windows 操作系统的用户名。

C:\Users\< 用户名 >\Documents\ 我的形状

如需自动打开上述文件夹，可以在"形状"窗格中选择"更多形状"|"我的形状"|"组织我的形状"命令，如图 3-13 所示。

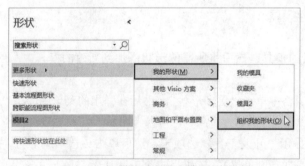

图 3-13　自动打开存储用户模具的文件夹

如需基于现有的某个模具创建新的模具，可以先在"形状"窗格中打开该模具，然后右击该模具的标题，在弹出的菜单中选择"另存为"命令，再在打开的对话框中设置新模具的名称，新模具默认保存到"我的形状"文件夹中。

### 3.2.3　在模具中添加形状

用户可以将绘图页或其他模具中的形状添加到用户创建的模具中，但是不能将它们添加到Visio 内置模具中。如需在用户创建的模具中添加形状，需要先在"形状"窗格中单击该模具的标题以展开该模具，由于新创建的模具不包含任何形状，所以展开后的模具是空白的。右击模具的标题，在弹出的菜单中选择"编辑模具"命令，如图 3-14 所示，将进入模具的编辑模式，并在模具标题的右侧显示图标，如图 3-15 所示。

图 3-14　选择"编辑模具"命令

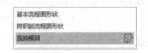

图 3-15　进入模具的编辑模式

在编辑模式下可以在模具中添加、编辑、重命名和删除形状。修改完成后，单击模具标题右侧的图标，保存对模具的修改，如图 3-16 所示。

下面介绍在模具中添加形状的两种方法。

#### 1. 添加绘图页中的形状

如需将绘图页中的形状添加到模具中，可以在绘图页中选择一个或多个形状，然后单击任意一个形状并按住鼠标左键，将选中的形状拖动到"形状"窗格中的模具标题下方的空白处，如图 3-17 所示。

图 3-16　模具标题右侧的"保存"图标

图 3-17　将绘图页中的形状拖动到模具中

注 意

> 将绘图页中的形状拖动到模具中后，该形状会自动从页面中删除。如需在绘图页中保留该形状，可以在拖动形状时按住 Ctrl 键。

### 2. 添加其他模具中的形状

如需将其他模具中的形状添加到用户创建的模具中，需要先在"形状"窗格中打开所需的模具，然后右击该模具中的某个形状，在弹出的菜单中选择"添加到我的形状"命令，再在子菜单中选择用户创建的模具，如图 3-18 所示。

图 3-18　将其他模具中的形状添加到用户创建的模具中

## 3.2.4　修改形状的名称

为了快速找到想要使用的形状，可以为用户创建的模具中的形状设置有意义的名称。进入模具的编辑模式，然后可以使用以下两种方法修改形状的名称：

- 右击形状，在弹出的菜单中选择"重命名主控形状"命令，如图 3-19 所示。
- 单击形状，然后按 F2 键。

无论使用哪种方法，都会进入名称的编辑状态，如图 3-20 所示。输入新的名称以替换原有名称，然后按 Enter 键确认修改。

图 3-19　选择"重命名主控形状"命令

图 3-20　修改模具的名称

### 3.2.5 删除模具中的形状

删除模具中的形状有以下几种方法：

● 单击形状，然后按 Delete 键。
● 右击形状，在弹出的菜单中选择"删除主控形状"命令，请参考图 3-19。
● 右击形状，在弹出的菜单中选择"剪切"命令，但是不进行粘贴。

### 3.2.6 恢复内置模具的默认状态

虽然不能在内置模具中添加和删除形状，但是可以调整内置模具中各个形状的排列顺序，或者在"快速形状"区域中添加或删除形状。如果对内置模具执行上述任意一种操作后，希望将内置模具恢复到默认状态，则可以右击模具的标题，在弹出的菜单中选择"重置模具"命令，如图 3-21 所示。

图 3-21 选择"重置模具"命令

### 3.2.7 设置模具的显示方式

在"形状"窗格中打开的所有模具以打开它们的先后顺序从上到下依次显示。单击模具的标题，将显示该模具中的所有形状，每个形状默认以图标＋名称的形式显示。用户可以调整模具的排列顺序和形状的显示方式。

#### 1. 调整模具的排列顺序

在"形状"窗格中单击一个模具的标题并按住鼠标左键，将该模具拖动到目标位置，拖动过程中显示的横线指示当前将模具移动到哪个位置上，如图 3-22 所示。

还可以使用另一种方法移动模具，右击模具的标题，在弹出的菜单中选择"顺序"命令，然后在子菜单中选择"上移"或"下移"命令，如图 3-23 所示。

#### 2. 设置形状的显示方式

设置形状的显示方式有以下两种方法：

● 右击"形状"窗格的顶部，在弹出的菜单中选择形状的显示方式，如图 3-24 所示。

图 3-22　调整模具的位置

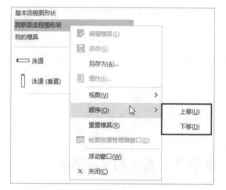

图 3-23　使用菜单命令调整模具的位置

- 在"形状"窗格中右击除了"快速形状"模具之外的其他任意一个模具的标题，在弹出的菜单中选择"视图"命令，然后在子菜单中选择形状的显示方式，如图 3-25 所示。

图 3-24　选择形状的显示方式（方法一）

图 3-25　选择形状的显示方式（方法二）

无论使用哪种方法，设置结果同时作用于"形状"窗格中的所有模具中的形状。图 3-26 是以"名称在图标下面"形式显示模具中的形状。

图 3-26　以"名称在图标下面"形式显示模具中的形状

除了调整形状的图标和名称的显示方式之外，还可以调整形状在模具中排列的间距。单击"文件"按钮，然后选择"选项"命令，打开"Visio 选项"对话框，在"高级"选项卡中设置"每行字符数"和"每个主控形状行数"两项，如图 3-27 所示。

- 每行字符数：设置各个形状的水平间距。

● 每个主控形状行数：设置各个形状的垂直间距。

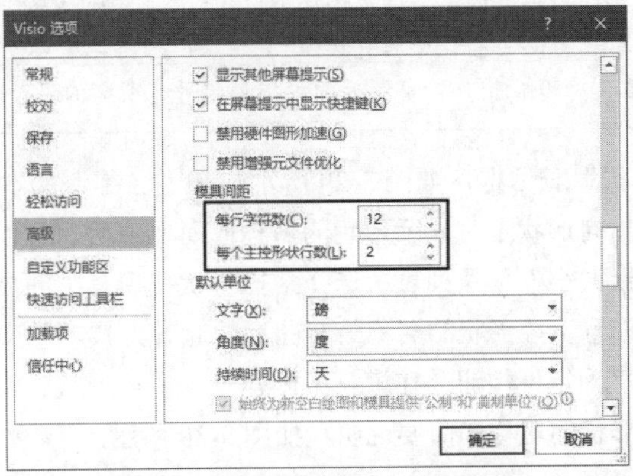

图 3-27 设置形状在模具中排列的间距

## 3.3 创建和自定义主控形状

Visio 内置了种类丰富的形状，可用于绘制不同类型和用途的图表。然而，再丰富的形状也无法完全满足灵活多变的应用需求。为了解决这个问题，用户可以创建新的主控形状，并使其在所有绘图文件中可用，就像使用 Visio 内置的主控形状一样。本节将介绍创建和自定义主控形状的方法。

### 3.3.1 创建新的主控形状

与向模具中添加形状类似，只能在用户创建的模具中创建主控形状，不能在 Visio 内置的模具中创建主控形状。创建主控形状前，需要先进入模具的编辑模式，然后在模具内部的任意位置右击，在弹出的菜单中选择"新建主控形状"命令，如图 3-28 所示。

图 3-28 选择"新建主控形状"命令

如果需要创建的主控形状与现有的某个主控形状类似，为了加快创建速度，可以在"形状"窗格中打开这个主控形状所属的模具，然后右击该形状并选择"复制"命令，再在需要创建主控形状的模具中右击，在弹出的菜单中选择"粘贴"命令，用户对复制后的主控形状进行所需的修改即可。

打开"新建主控形状"对话框，如图 3-29 所示，在"名称"文本框中输入主控形状的名称。如需在将鼠标指针指向形状上时显示形状的名称或简要说明，可以在"提示"文本框中输入所需的内容。在"图标大小"下拉列表中选择主控形状在模具中的显示尺寸。"主控形状名称对齐方式"选项用于设置主控形状的名称与其图标的对齐方式。

设置完成后，单击"确定"按钮，在模具中创建一个主控形状。将鼠标指针指向该主控形状时，会自动显示主控形状的名称和简要说明，如图 3-30 所示。

图 3-29 "新建主控形状"对话框

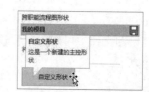

图 3-30 显示形状的名称和简要说明

### 3.3.2 编辑主控形状及其图标

使用 3.3.1 小节中的方法创建主控形状后，接下来就可以绘制具体的形状了。进入模具的编辑模式，然后右击其中的主控形状，在弹出的菜单中选择"编辑主控形状"|"编辑主控形状"命令，如图 3-31 所示。打开主控形状编辑窗口，使用功能区的"开始"选项卡中的"工具"组中的工具绘制主控形状，如图 3-32 所示。

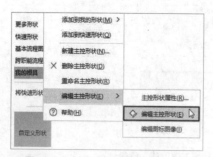

图 3-31 选择"编辑主控形状"命令

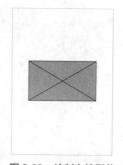

图 3-32 绘制主控形状

绘制完成后，单击窗口右上角的 × 按钮，将显示如图 3-33 所示的提示信息，单击 "是" 按钮，保存绘制结果并关闭主控形状编辑窗口，在模具中将显示刚绘制的主控形状，如图 3-34 所示。单击模具标题右侧的 "保存" 图标，保存对主控形状及其所在模具的所有修改。

图 3-33　单击 "是" 按钮保存绘制结果

图 3-34　在模具中显示绘制好的主控形状

**注意**

在每个绘图文件中都有一个文档模具，该模具包含在绘图文件中使用的所有主控形状的副本。当编辑用户创建模具中的主控形状时，主控形状在绘图页中的实例不会自动反映最新的修改结果。如需让绘图页中的实例反映主控形状的修改结果，需要修改文档模具中的主控形状。

### 3.3.3　为主控形状设置连接点

在 Visio 中绘制图表时，通过形状上的连接点可以使形状之间保持精准连接，并可在移动形状时始终保持固定点之间的连接。Visio 为内置形状预先设置好了连接点，用户创建的形状默认不包含连接点，需要手动为这些形状设置连接点。除了为形状设置连接点之外，还可以移动或删除现有的连接点。如需编辑 Visio 内置形状的连接点，需要先将其复制到用户创建的模具中。

无论是添加、移动或删除连接点，在对连接点执行操作之前，都需要先启用连接点命令。打开需要添加连接点的主控形状的编辑窗口，选择其中的主控形状，然后在功能区的 "开始" 选项卡中单击 "连接点" 按钮，即可启用连接点命令，此时鼠标指针附近会显示 x 形标记，如图 3-35 所示。

图 3-35　单击 "连接点" 按钮

下面介绍为主控形状添加、移动和删除连接点的方法，为绘图页中的主控形状的实例设置连接点的方法与此类似。

#### 1. 添加连接点

按住 Ctrl 键，在鼠标指针附近将显示一个十字准线，如图 3-36 所示。将鼠标指针移动到需要添加连接点的位置并单击，即可在该位置上添加连接点，选中的连接点是一个红色方块，如图 3-37 所示。

图 3-36　鼠标指针附近显示十字准线　　　　　　图 3-37　选中的连接点是一个红色方块

注意

为一个形状添加连接点之前，必须先选择该形状，否则，在按住 Ctrl 键并单击形状时不会产生任何
效果。

### 2. 移动连接点

在主控形状上单击需要移动的连接点，将选中该连接点，然后使用鼠标将该连接点拖动到
目标位置。

### 3. 删除连接点

在主控形状上单击需要删除的连接点，然后按 Delete 键。

### 3.3.4　删除主控形状

用户可以随时将位于用户创建的模具中的主控形状删除。进入模具的编辑模式，然后右击
需要删除的主控形状，在弹出的菜单中选择"删除主控形状"命令（请参考图 3-31），即可将
该主控形状从模具中删除。

# 3.4　创建模板

虽然 Visio 内置了大量模板，但是在完成某些工作时，可能找不到完全符合要求的模板。
在这种情况下，用户可以先制作好符合要求的图表，并将常用模具添加到"形状"窗格中，还
可以创建新的模具和主控形状，然后将该图表所在的绘图文件保存为 Visio 模板格式。以后使
用这个模板创建的每个绘图文件中都包含已制作好的图表，以及常用模具和形状，稍加修改，
即可完成新图表的制作。

创建模板还包括但不限于以下需求：

- 创建具有特定页面尺寸的绘图页。
- 使用不常用的绘图缩放比例创建设计图。
- 在所有绘图中包含相同的形状，例如公司徽标、标志或标题栏。
- 为不同类型的绘图设置相同的格式。

在 Visio 模板中可以存储以下信息：

- 窗口大小和位置。
- 绘图页的页面设置。
- 包含任何现有形状的绘图页。
- 对齐和粘附选项。

- 图层。
- 主题和样式。
- 打印设置。

### 3.4.1　创建模板

创建模板与创建普通绘图文件本质上并无太大区别，只是可能需要投入更多的考虑，在模板中尽量只包含通用的内容和设置。除此之外，两者最大的区别是具有不同的文件格式。根据 Visio 版本的不同，Visio 模板的文件扩展名可能是 .vst、.vstx 或 .vstm。

如需将绘图文件创建为模板，可以单击"文件"按钮，然后选择"导出"命令，在"导出"界面中选择"更改文件类型"选项，然后双击"模板"选项，如图 3-38 所示。

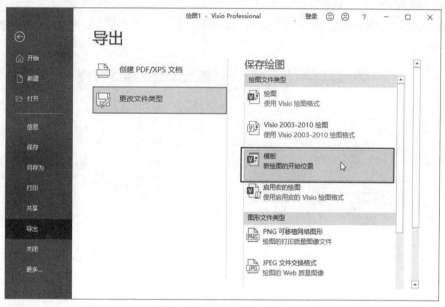

图 3-38　双击"模板"选项

在打开的"另存为"对话框中设置模板的名称和存储位置，然后单击"保存"按钮，将当前绘图文件保存为模板。

### 3.4.2　设置模板的存储位置

模板的存储位置决定了新建绘图文件时选择模板的方式，在 Visio 中可以使用两种方法设置模板的存储位置，它们都需要在"Visio 选项"对话框中进行操作。

#### 1. 第一种方法

单击"文件"按钮，然后选择"选项"命令，打开"Visio 选项"对话框，切换到"保存"选项卡，在右侧的"默认个人模板位置"文本框中输入用于存储 Visio 模板的文件夹的完整路径，最后单击"确定"按钮，如图 3-39 所示。

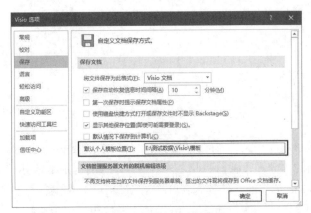

图 3-39　设置模板的存储位置

### 2. 第二种方法

打开"Visio 选项"对话框，切换到"高级"选项卡，然后在右侧单击"文件位置"按钮，如图 3-40 所示。

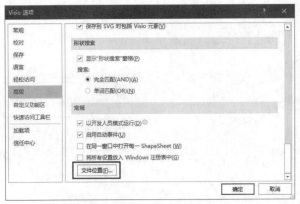

图 3-40　单击"文件位置"按钮

打开"文件位置"对话框，单击"模板"右侧的按钮，在打开的对话框中选择用于存储 Visio 模板的文件夹，返回"文件位置"对话框后，所选文件夹的完整路径会被自动填入到"模板"文本框中，设置完成后单击"确定"按钮，如图 3-41 所示。

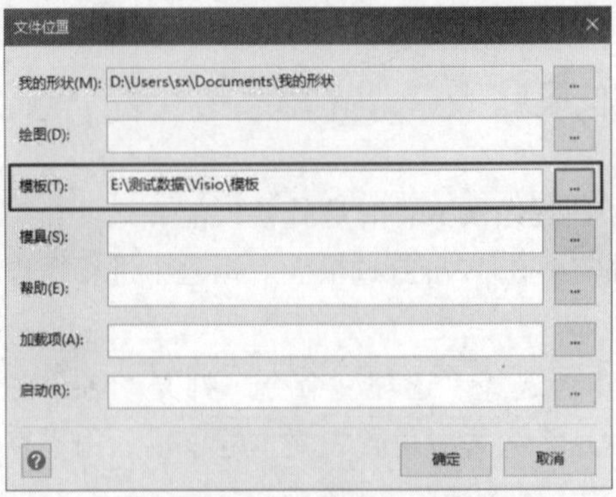

图 3-41　在"文件位置"对话框中设置模板的存储位置

### 3.4.3　使用自定义模板创建绘图文件

使用用户创建的模板新建绘图文件时，选择模板的方式由模板的存储位置决定。如果使用的是 3.4.2 小节中的第一种方法，则在新建绘图文件时，需要单击"文件"按钮，然后选择"新建"命令，用户创建的模板将显示在"个人"类别中，如图 3-42 所示。

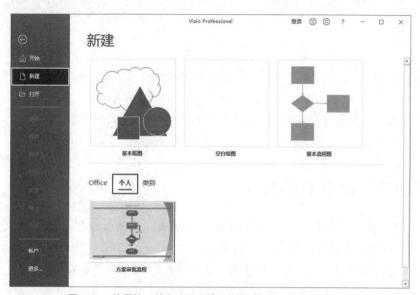

图 3-42　使用第一种方法设置模板位置时新建绘图文件的方式

如果使用的是 3.4.2 小节中的第二种方法，则在新建绘图文件时，需要单击"文件"按钮，然后选择"新建"命令，用户创建的模板将显示在"类别"类别中，如图 3-43 所示。

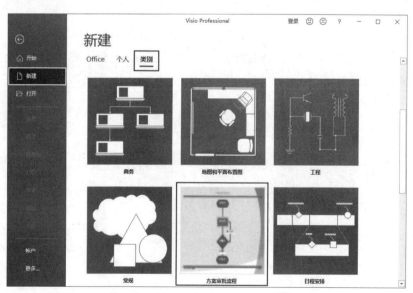

图 3-43　使用第二种方法设置模板位置时新建绘图文件的方式

无论使用哪种方法，双击用户创建的模板，将使用该模板创建绘图文件。

# 第 4 章
# 绘制和编辑形状

在 Visio 中绘制的每一个图表都是由多个基本形状组成的，掌握基本形状的绘制和编辑方法是创建任何一个图表的基础。本章首先介绍形状的基本概念和特性，使读者对 Visio 中的形状有初步的了解，然后从多个方面详细介绍在 Visio 中绘制和编辑形状的方法。

## 4.1 理解 Visio 中的形状

Visio 中的形状与广泛意义上的形状类似，它们都是由线条组成的闭合或非闭合的图形对象。然而，Visio 中的形状也有其特别之处，这是因为 Visio 中的形状具有属性和行为，这些特性可以让用户更好地使用形状。本节将介绍 Visio 形状的一些基本概念和特点。

### 4.1.1 形状的类型

Visio 中的形状分为两类：一维形状和二维形状。将一维形状定义为包含起点和终点的对象，这意味着一维形状不是闭合的，直线、曲线都是一维形状，如图 4-1 所示。

选中一维形状时，将在一维形状的两端各显示一个方块，白色方块的一端表示一维形状的起点，灰色方块的一端表示一维形状的终点。使用鼠标拖动起点和终点，可以改变一维形状的长度，如图 4-2 所示。

图 4-1  一维形状

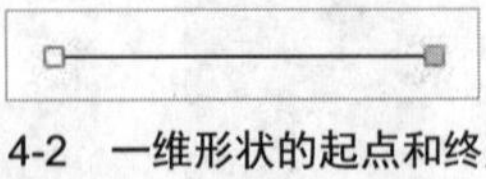

图 4-2  一维形状的起点和终点

提示

在 Visio 2021 中选中的直线两端显示为外观相同的圆圈，没有颜色之分。

与一维形状不同，二维形状是闭合的对象，所以二维形状没有起点和终点，矩形、菱形、圆形都是二维形状，如图 4-3 所示。

无论选中的二维形状是什么类型，都会在二维形状的边缘显示一个矩形轮廓，轮廓上有 8 个方块或圆圈（视版本而异），其中的 4 个位于轮廓上的 4 个角，另外 4 个位于轮廓的 4 条边上的中点，将这些方块或圆圈称为"选择手柄"，使用鼠标拖动这些手柄可以调整二维形状的大小。图 4-4 是选中圆形后显示的矩形轮廓和选择手柄。

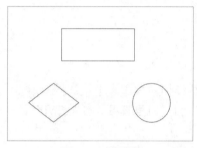

图 4-3　二维形状

图 4-4　二维形状上的选择手柄

## 4.1.2　形状的手柄

4.1.1 小节介绍了选中形状时在矩形轮廓上自动显示的选择手柄，而形状顶部的箭头是旋转手柄，使用鼠标拖动它们可以执行特定的操作。在 Visio 中主要有以下几种手柄。

- 选择手柄：选择手柄是在选中形状时，显示在形状上的方块或圆圈，选择手柄用于调整形状的大小。
- 旋转手柄：旋转手柄是在选中形状时，显示在形状上方的弯曲箭头，旋转手柄用于调整形状的角度，请参考图 4-4。
- 控制手柄：选择某些形状时，在形状的某个位置上会显示一个黄色的方块或圆圈，该方块或圆圈就是控制手柄，控制手柄用于改变形状的外观。如图 4-5 所示，五角星边缘右上方的圆圈是控制手柄。

除了以上 3 种手柄之外，在选择形状或使用某些工具时，形状上还会显示一些具有特殊意义的点，它们的含义如下。

- 连接点：选中一个 Visio 内置的形状后，当使用"线条""弧线""任意多边形""铅笔""连接线"等工具时，会在选中的形状上显示一些深灰色的方块，它们是该形状的连接点。将鼠标指针移动到连接点的附近，在该连接点的周围将显示绿色的方块，如图 4-6 所示。通过连接点可以很容易地在两个形状的特定位置之间绘制连接线。
- 离心点：当使用"铅笔"工具选择一个形状时，会在该形状上显示一个或多个小圆点，使用鼠标拖动这些圆点，可以调整形状的曲率、离心率或对称性。例如，使用"铅笔"工具选择一条直线段，然后使用鼠标拖动位于直线段中点上的圆点，可以将直线段改为弧线，如图 4-7 所示。

图 4-5　控制手柄　　　　　　图 4-6　连接点　　　　　　　　　图 4-7　离心点

### 4.1.3　形状的专用功能

一些形状具有适用于特定用途的专用功能和行为。例如，"门"形状具有"打开"的行为，可以设置从不同方向开门。将"门"形状添加到绘图页上，然后右击"门"形状，在弹出的菜单的顶部显示"向左打开／向右打开"和"向里打开／向外打开"两个命令，它们是"门"形状的专用功能，如图 4-8 所示。

图 4-8　形状的专用功能显示在快捷菜单的顶部

提示

使用鼠标拖动"门"形状上的黄色方块或圆圈，将执行与"向左打开／向右打开"和"向里打开／向外打开"两个命令相同的操作，该黄色方块或圆圈就是控制手柄。

### 4.1.4　快速找到所需的形状

如需快速找到某个形状，可以在"形状"窗格的搜索框中输入用于描述形状的关键词，例如"箭头"，按 Enter 键或单击搜索框右侧的 🔍 按钮，将在下方显示匹配的形状，单击"更多结果"将显示找到的所有形状，如图 4-9 所示。

图 4-9　搜索形状

　　如果在"形状"窗格中未显示搜索框，则可以打开"Visio 选项"对话框，在"高级"选项卡中勾选"显示'形状搜索'窗格"复选框，如图 4-10 所示。"搜索"中的"完全匹配"和"单词匹配"两个选项用于设置搜索的匹配程度。

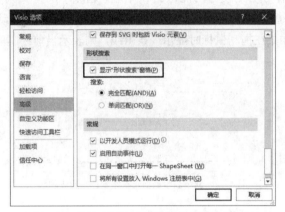

图 4-10　勾选"显示'形状搜索'窗格"复选框

　　右击搜索结果中加粗显示的标题或某个形状，在弹出的菜单中选择"保存"命令或"另存为"命令，可以将搜索结果中的某类或某个形状保存为新的模具。

　　如果在计算机中收集了一些模具文件，则可以将这些文件移动或复制到 Visio 模具的存储位置（请参考 3.2.2 小节），然后可以在"形状"窗格中打开这些模具。

## 4.2　绘制和连接形状

　　在 Visio 中绘图的主要工作是将组成图表的各个形状添加到绘图页上，并将这些形状以所需的方式连接起来，然后为这些形状添加文字和设置外观格式。本节将介绍绘制和连接形状的多种方法，它们是在创建一个图表的过程中既基础又非常重要的部分。

### 4.2.1 绘制形状

在 Visio 中绘制形状有两种方法，一种方法是将模具中的形状拖动到绘图页上，拖动过程中鼠标指针附近会显示一个 + 号，如图 4-11 所示。

**图 4-11　将模具中的形状拖动到绘图页上**

> **提示**
>
> 如需删除绘图页中的形状，则可以单击该形状以将其选中，然后按 Delete 键。

绘制形状的另一种方法是使用功能区的"开始"选项卡的"工具"组中的"矩形""椭圆""线条""任意多边形"等命令，选择某个命令后，在绘图页中拖动鼠标即可绘制形状。绘制矩形或椭圆时，如果在拖动鼠标时显示一条斜线，则表示当前绘制的是正方形或圆形，如图 4-12 所示。

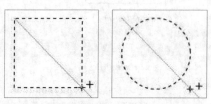

**图 4-12　斜线表示当前正在绘制正方形或圆形**

> **提示**
>
> 如果绘制正方形或圆形时未显示斜线，则可以在功能区"视图"选项卡中单击"视觉帮助"组右下角的对话框启动器 ⤵，然后在打开的"对齐和粘附"对话框中勾选"绘图辅助线"复选框，如图 4-13 所示。

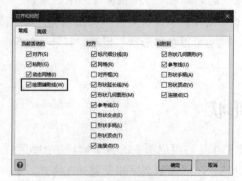

**图 4-13　勾选"绘图辅助线"复选框**

## 4.2.2　自动连接形状

在 Visio 中创建的图表通常都是由相互连接的多个形状组成的，快速准确地连接各个形状对提高绘图质量和效率至关重要。本小节和接下来的几个小节将详细介绍在 Visio 中连接形状的多种方法。

"自动连接"是 Visio 中一种易于使用的连接形状的方式。使用这种连接方式前需要先启用"自动连接"功能，只需在功能区的"视图"选项卡中勾选"自动连接"复选框，如图 4-14所示。

**图 4-14　勾选"自动连接"复选框**

---

**注意**

如果无法勾选"自动连接"复选框，则可以打开"Visio 选项"对话框，在"高级"选项卡中勾选"启用自动连接"复选框，然后单击"确定"按钮，如图 4-15 所示，该方法将在所有绘图文件中启用"自动连接"功能。

**图 4-15　勾选"启用自动连接"复选框**

---

启用"自动连接"功能后，将鼠标指针移动到绘图页中的形状上，会在形状的四周显示自动连接箭头，这些箭头表示当前正在使用"自动连接"功能，如图 4-16 所示。

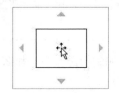

**图 4-16　自动连接箭头**

将鼠标指针移动到任意一个箭头上，会显示一个包含 4 个形状的浮动工具栏，如图 4-17所示，这几个形状对应于"形状"窗格当前展开的模具中位于"快速形状"区域的前 4 个形状，"快速形状"区域是当前展开的模具中位于灰色线条上方的部分，如图 4-18 所示。

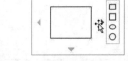

图 4-17  指向箭头时显示的工具栏          图 4-18  模具中的"快速形状"区域

**提 示**

如果在当前展开的模具的"快速形状"区域中不包含形状，则在浮动工具栏中将显示该模具包含的所有形状中的前 4 个形状。如果当前展开的模具不包含形状，则不会显示浮动工具栏。

将鼠标指针移动到浮动工具栏中的某个形状上时，会在页面上显示该形状及其连接线的预览效果，如图 4-19 所示。如果确认绘制并连接该形状，则在浮动工具栏中单击该形状。

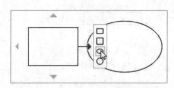

图 4-19  连接形状的预览效果

**技 巧**

如果需要绘制并连接的形状不在"快速形状"区域内，则无须将形状添加到"快速形状"区域或拖动到绘图页后再进行连接，只需在"形状"窗格中选择要添加到绘图页并进行连接的形状，然后单击绘图页中需要连接的现有形状四周的自动连接箭头，即可将"形状"窗格中选中的形状添加到绘图页中并自动与其中的形状建立连接。

如果需要连接的两个形状已经添加到绘图页中，那么也可以使用自动连接功能将它们连接起来，有以下两种情况。

**1. 以标准间距连接两个形状**

单击两个形状中的一个，然后将其拖动到需要连接到的目标形状的上方，该过程需要一直按住鼠标左键。当目标形状的四周显示自动连接箭头时，继续拖动形状并将鼠标指针移动到其中一个箭头上，然后释放鼠标左键，即可将两个形状连接在一起，如图 4-20 所示。使用这种方法连接的两个形状之间具有 Visio 预设的标准间距。

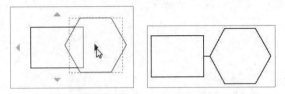

图 4-20　将形状拖动到自动连接箭头上来完成连接

**2. 连接位置和间距均保持不变的两个形状**

如需连接位置和间距均保持不变的两个形状，可以将鼠标指针移动到其中一个形状上，当形状四周显示自动连接箭头时，使用鼠标将其中一个箭头拖动到另一个形状上，此时会在该形状上显示所有可用的连接点。将鼠标指针移动到任意一个连接点上，会在该连接点上显示一个绿色方框，并显示"粘附到连接点"提示文字。此时释放鼠标左键，将自动在两个形状之间添加一条连接线，如图 4-21 所示。

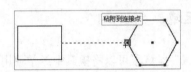

图 4-21　拖动自动连接箭头来连接两个形状

## 4.2.3　自动连接多个形状

使用"连接形状"命令可以为选中的所有形状自动添加连接线，添加连接线的顺序将按照选择这些形状时的顺序进行。"连接形状"命令默认不在功能区中，使用该命令前，需要先将其添加到功能区或快速访问工具栏。

添加好"连接形状"命令后，选择需要连接的多个形状，选择形状的方法将在 4.3 节中介绍。假设选择当前绘图页中的所有形状，可以按 Ctrl+A 组合键，如图 4-22 所示。

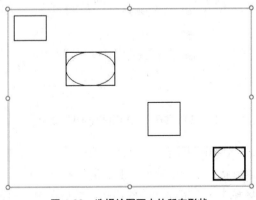

图 4-22　选择绘图页中的所有形状

选择好形状后，单击快速访问工具栏或功能区中的"连接形状"按钮，将自动按照用户选择形状的顺序依次在各个形状之间添加连接线。图 4-23 为按照不同顺序选择形状时添加的连接线。

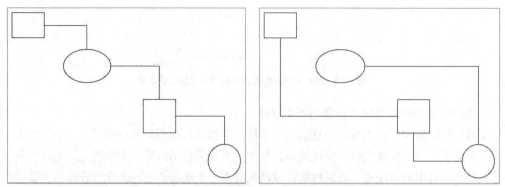

图 4-23　不同的选择顺序决定不同的形状连接方式

### 4.2.4　使用"快速形状"区域

每个模具都包含"快速形状"区域，可以将模具中经常使用的形状添加到该模具的"快速形状"区域中，以便在使用自动连接功能时可以快速选择所需的形状并完成连接。如需将形状添加到"快速形状"区域，可以使用鼠标将该形状拖动到"快速形状"区域中，或者右击该形状，在弹出的菜单中选择"添加到快速形状"命令，如图 4-24 所示。

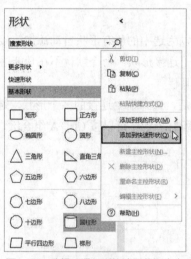

图 4-24　选择"添加到快速形状"命令

将形状从"快速形状"区域中删除有以下两种方法：

- 使用鼠标将"快速形状"区域中的形状拖动到分隔线的下方。
- 在"快速形状"区域中右击需要删除的形状，然后在弹出的菜单中选择"从快速形状中删除"命令。

在"形状"窗格中有一个名为"快速形状"的模具，当前打开的所有模具的"快速形状"区域中的形状都显示在"快速形状"模具中，如图 4-25 所示。

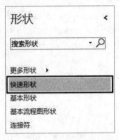

图 4-25　"快速形状"模具

## 4.2.5　使用连接线工具连接形状

使用 Visio 中的"连接线"工具可以在两个形状之间手动绘制连接线。在功能区的"开始"选项卡中单击"连接线"按钮，然后将鼠标指针移动到需要连接的其中一个形状的连接点上，将在该连接点上显示绿色方块，如图 4-26 所示。

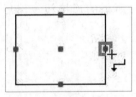

图 4-26　连接第一个形状

将该连接点拖动到另一个形状的连接点上，将在两个形状的指定连接点之间绘制一条连接线，如图 4-27 所示。

图 4-27　使用连接线工具连接两个形状

## 4.2.6　使用连接符模具连接形状

有一个名为"连接符"的 Visio 内置模具，其中包含各种样式的连接线。首先需要将该模具添加到"形状"窗格中，在"形状"窗格中单击"更多形状"，然后选择"其他 Visio 方案"|"连接符"选项，如图 4-28 所示。打开的"连接符"模具如图 4-29 所示，其中包括动态连接符和其他各种类型的连接符。

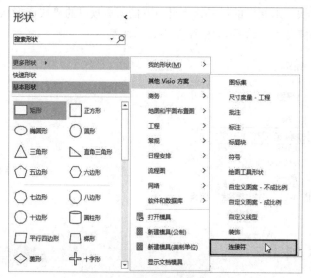

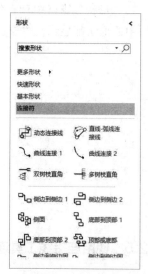

图 4-28　选择"连接符"选项　　　　　　　　　　图 4-29　"连接符"模具

无论使用"连接符"模具中的哪种连接线来连接形状，都遵循相同的方法，操作步骤如下：

（1）在"连接符"模具中选择所需的连接线，然后将其拖动到绘图页中，如图 4-30 所示。

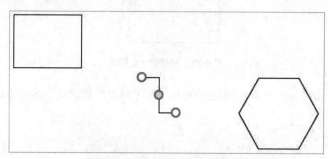

图 4-30　将连接线拖动到绘图页中

（2）拖动连接线的一个端点到一个形状的连接点上，如图 4-31 所示。

（3）拖动连接线的另一个端点到另一个形状的连接点上，如图 4-32 所示，即可将两个形状连接起来。

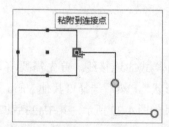

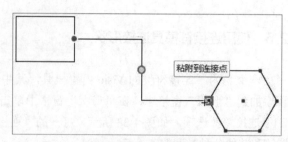

图 4-31　将连接线的一端连接到一个形状　　　　图 4-32　将连接线的另一端连接到另一个形状

### 4.2.7　使用静态连接和动态连接

在 Visio 中连接形状有静态连接和动态连接两种方式。在本章前面介绍的几种连接方法中，除了自动连接形状之外，其他几种方法都属于静态连接。如需创建静态连接，可以将连接线的一端拖动到形状的某个连接点上，此时会在该连接点的周围显示一个绿色方块和"粘附到连接点"提示文字，释放鼠标按键即可创建静态连接。通常静态连接也称为"点到点粘附"。

如果将连接线的一端拖动到形状的内部，而不是某个连接点，则会在该形状的周围显示绿色边框和"粘附到形状"提示文字，如图 4-33 所示，此时释放鼠标将创建动态连接。通常动态连接也称为"形状到形状粘附"。

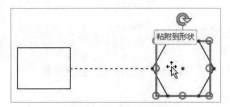

图 4-33　创建动态连接

动态连接可以根据两个形状的位置关系，自动连接到两个形状距离最近的连接点。这意味着调整两个形状的位置时，动态连接会自动选择最合适的连接点来连接两个形状。图 4-34 说明了动态连接的这种特性。而无论如何调整静态连接的两个形状的位置，它们之间始终使用最初的连接点进行连接。

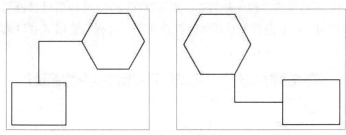

图 4-34　动态连接可以根据形状的位置选择最佳连接路径

---

**提示**

连接形状时可以混合使用静态连接和动态连接两种方式，即将连接线的一端以"点到点"的方式粘附到一个形状的连接点，将连接线的另一端以"形状到形状"的方式粘贴到另一个形状的连接点。

---

Visio 默认将形状上的连接点和参考线指定为粘附位置，用户也可以将形状上的其他位置设置为粘附位置。在功能区的"视图"选项卡中单击"视觉帮助"组右下角的对话框启动器 ⊾，打开如图 4-35 所示的"对齐和粘附"对话框，在"粘附到"类别中可以设置 5 种粘附位置。

- 形状几何图形：将连接线粘附到形状的可见边上的任何位置。
- 参考线：将连接线或形状粘附到参考线。

- 形状手柄：将连接线粘附到形状的选择手柄。
- 形状顶点：将连接线粘附到形状的顶点。
- 连接点：将连接线粘附到形状的连接点。

图 4-35　设置形状上的粘附位置

## 4.2.8　在现有形状之间插入形状

如需在已使用连接线连接的两个形状之间插入一个形状，可以从模具中将一个形状拖动到连接线上，Visio 会自动将连接线一分为二，并使断开的连接线的两端分别粘附到新插入的形状的两侧。

如果插入的形状不能使连接线一分为二，则可以在以下 3 个位置进行设置。

- 打开绘图页的"页面设置"对话框，在"布局与排列"选项卡中勾选"启用连接线拆分"复选框，如图 4-36 所示。

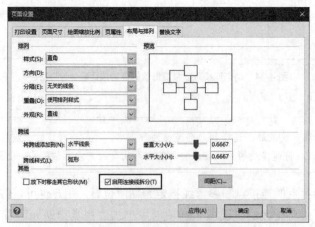

图 4-36　勾选"启用连接线拆分"复选框

- 在绘图页中选择插入的形状，然后在功能区的"开发工具"选项卡中单击"行为"按钮，再在"行为"对话框的"行为"选项卡中点选"框（二维）"单选按钮和勾选"形状可以拆分连接线"复选框，如图 4-37（a）所示。

- 选择插入的形状所需分隔的连接线，然后打开"行为"对话框的"行为"选项卡，选中"线条（一维）"单选按钮和勾选"连接线可以被形状拆分"复选框，如图 4-37（b）所示。

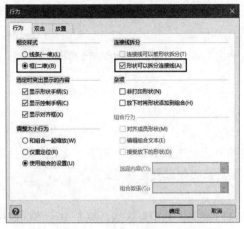

（a）勾选"形状可以拆分连接线"复选框　　　　（b）勾选"连接线可以被形状拆分"复选框

图 4-37　设置连接线的拆分方式

# 4.3　选择形状

对形状执行操作前，通常需要先选择形状。在 Visio 中可以使用多种方法选择形状，包括选择单个形状、选择多个形状、按照类型选择形状等，用户可以根据形状的特点选择最合适的方法。

## 4.3.1　选择单个形状

如需选择单个形状，可以将鼠标指针移动到形状上，当鼠标指针变为十字箭头时单击，即可选中该形状。选中的形状四周会显示选择手柄，如图 4-38 所示。

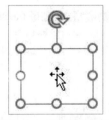

图 4-38　选择单个形状

有的形状由多个形状组合而成，如需选择组合形状中的某个形状，可以先单击组合形状中的任意一个形状，此时将选中整个组合形状，如图 4-39 所示。然后单击需要选择的那个形状，即可选中该形状，如图 4-40 所示。

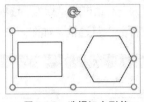

图 4-39　选择组合形状

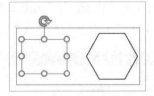

图 4-40　选择组合形状中的单个形状

## 4.3.2　选择多个形状

如需对多个形状执行某项操作，可以先选择这些形状。选择多个形状有多种方法，包括拖动鼠标选择形状、使用鼠标配合键盘选择形状、按照对象类型选择形状等。

### 1. 拖动鼠标选择形状

用户在绘图页中按住鼠标左键并拖动时，将显示一个灰色的矩形区域，完全位于该区域中的所有形状都会被选中。如果只有形状的一部分位于该区域中，则默认该形状不会被选中。如图 4-41 所示，灰色矩形是鼠标拖动出的区域，由于矩形和圆形完全位于该区域中，所以将选中这两个形状，而六边形的一部分位于灰色区域外，所以不会选中六边形。

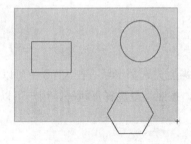

图 4-41　拖动鼠标选择形状

**技巧**

如需提高选择效率，即只要形状的一部分位于灰色区域中就会被选中，可以打开"Visio 选项"对话框，在"高级"选项卡中勾选"选择区域内的部分形状"复选框，如图 4-42 所示。

图 4-42　勾选"选择区域内的部分形状"复选框

上面介绍的方法在 Visio 中称为"选择区域"。在功能区的"开始"选项卡中单击"选择"按钮，然后在弹出的菜单中选择"选择区域"命令，也可使用这种选择方式，如图 4-43 所示。

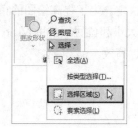

图 4-43　选择"选择区域"命令

如果选择图 4-43 中的"套索选择"命令，则可以使用鼠标拖动出不规则区域来选择形状，该功能类似于 Photoshop 应用程序中的"套索"工具。

如需取消形状的选中状态，可以单击绘图页中的空白处或按 Esc 键。

**2. 使用鼠标配合键盘选择形状**

如果选择的多个形状之间包含不需要选择的形状，此时可以先选择其中一个形状，然后按住 Shift 键或 Ctrl 键，再依次单击其他形状，即可选中所需的所有形状，而绕过不想选择的形状。

**3. 按照对象类型选择形状**

如需选择特定类型的形状，可以在功能区的"开始"选项卡中单击"选择"按钮，然后在弹出的菜单中选择"按类型选择"命令，打开"按类型选择"对话框，可以按照"形状类型""形状角色"和"图层"3 种方式选择特定的对象，如图 4-44 所示。例如，点选"形状类型"单选按钮，然后在右侧只勾选"形状"复选框，单击"确定"按钮后，将选中绘图页中的所有单个形状，而不会选中组合形状。

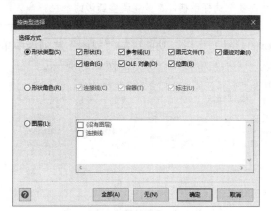

图 4-44　"按类型选择"对话框

**4. 选择绘图页中的所有形状**

如需选择绘图页中的所有对象，可以按 Ctrl+A 组合键，或者在功能区的"开始"选项卡中单击"选择"按钮，然后在弹出的菜单中选择"全选"命令。

# 4.4 设置形状的大小、位置、布局和行为

用户可能在连接形状之前就已经开始使用本节介绍的一些技术了，是否使用这些技术由绘制的图表类型和用户的操作习惯决定。为了提高绘图的精确程度，无论在连接形状之前或之后，都需要调整形状在绘图页中的大小和位置。借助 Visio 中的形状对齐、排列、布局和行为等功能，可以使这些操作更加准确、高效。

## 4.4.1 调整形状的大小和位置

当绘图页中包含多个形状时，改变一个形状的大小通常会影响其他形状的相对位置。为了避免出现这种情况，在调整形状的位置之前，首先应该确定形状的大小。

调整形状大小最直接的方法是使用选择手柄。选择一个形状后，将鼠标指针移动到该形状的任意一个选择手柄上，当鼠标指针变为双向箭头时，拖动鼠标即可改变形状的大小，如图 4-45 所示。位于 4 个角上的选择手柄用于等比例调整形状的宽度和高度，位于 4 条边上的选择手柄用于调整形状的宽度或高度。

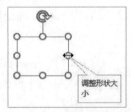

**图 4-45　使用选择手柄调整形状的大小**

---

提 示

对于圆形来说，无论拖动哪个选择手柄，都是在调整圆形的半径。

---

如需为形状设置精确的尺寸，可以在功能区的"视图"选项卡中单击"任务窗格"按钮，然后在弹出的菜单中选择"大小和位置"命令，如图 4-46 所示。

**图 4-46　选择"大小和位置"命令**

打开"大小和位置"窗格，在绘图页中选择一个形状时，该窗格中将显示所选形状的一

些属性，包括坐标（X 和 Y）、尺寸（宽度和高度）、角度和旋转中心点的位置，如图 4-47 所示。可以修改"宽度"和"高度"两个文本框中的值，以便为形状设置精确的尺寸。

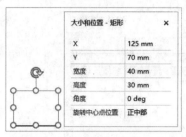

图 4-47　精确设置形状的尺寸

如需调整形状在绘图页中的位置，一种方法是在"大小和位置"窗格中设置"X"和"Y"两项的值；另一种方法是将鼠标指针移动到形状上，当鼠标指针变为十字箭头时，按住鼠标左键将形状拖动到目标位置即可。

## 4.4.2　使用标尺、网格和参考线定位形状

使用 Visio 中的标尺、网格和参考线 3 种工具，不但可以将形状移动到绘图页中的精确位置，还可以快速对齐和排列多个形状。下面是对标尺、网格和参考线的简要说明。

- 标尺：使用标尺可以将形状放置到绘图页中的精确位置上，它也是使用比例缩放绘图时的理想工具。标尺上显示的距离基于绘图所使用的测量单位。
- 网格：使用网格可以快速将不同的形状放置到间隔指定数量单位的位置上。如果对绘图页中的形状的精确位置没有要求，那么网格是快速对齐和排列形状的理想工具。
- 参考线：参考线为多个形状的位置提供了一种参照标准，可以在绘图页中添加一条或多条参考线，然后将这些参考线移动到绘图页中的任意位置，以便为即将绘制的图表预先设计布局结构。打印绘图页时不会打印参考线。

如需使用上述 3 种工具，可以在功能区的"视图"选项卡中勾选"标尺""网格"和"参考线" 3 个复选框，如图 4-48 所示。

图 4-48　在"视图"选项卡中启用 3 种工具

下面介绍 3 种工具的功能和用法。

### 1. 标尺

标尺显示在绘图页的上方和左侧，标尺的间隔大小与用户为绘图页设置的度量单位相对应。在"页面设置"对话框的"页属性"选项卡中可以为每个绘图页设置不同的度量单位，如图 4-49 所示。

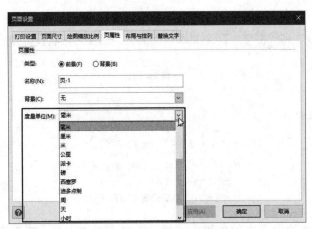

图 4-49 设置绘图页的度量单位

除了设置标尺的度量单位之外，还可以设置标尺细分线的数量和标尺的零点位置，方法如下。

- 设置标尺的细分线：标尺的细分线是指标尺上主刻度之间的短线，用户可以设置细分线的数量。在"视图"选项卡中单击"显示"组右下角的对话框启动器 ，打开"标尺和网格"对话框，在"水平"和"垂直"两个下拉列表中选择细分线的类型，包括"细致""正常"和"粗糙"3 种，如图 4-50 所示。选择"细致"选项将显示数量最多的细分线，选择"粗糙"选项只显示主刻度线，选择"正常"选项时的细分线数量介于前两种之间。

图 4-50 设置标尺的细分线和零点位置

- 设置标尺的零点位置：默认情况下，水平标尺的零点位于页面的左边缘，垂直标尺的零点位于页面的下边缘。用户可以在"标尺和网格"对话框的"标尺零点"文本框中更改水平标尺和垂直标尺的零点位置。

用户还可以使用鼠标和键盘可视化地设置标尺的零点位置，方法如下。

- 同时设置水平标尺和垂直标尺的零点：按住 Ctrl 键，然后使用鼠标拖动位于标尺左上角的水平标尺和垂直标尺交叉处的十字，拖动过程中会显示代表 X 轴和 Y 轴的虚线，如图 4-51 所示。拖动到绘图页中的某个位置时释放鼠标，即可将该位置作为标尺的零点。

图 4-51　拖动十字时显示的虚线代表 X 轴和 Y 轴

- 只设置水平标尺的零点：按住 Ctrl 键并拖动垂直标尺。拖动前需要将鼠标指针移动到垂直标尺上，当显示左右箭头时进行拖动。
- 只设置垂直标尺的零点：按住 Ctrl 键并拖动水平标尺。拖动前需要将鼠标指针移动到垂直标尺上，当显示上下箭头时进行拖动。

提示

更改标尺的零点后，如需恢复默认的零点，可以双击水平标尺和垂直标尺的交叉处。

在绘图页中拖动一个形状时，标尺上显示的虚线表示形状的当前位置，如图 4-52 所示。

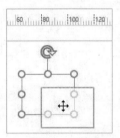

图 4-52　虚线表示形状的当前位置

### 2. 网格

网格是绘图页中由水平线和垂直线交叉组成的方格，外观类似于作文纸，既可以将形状对齐到网格的交叉点，又可以将网格作为一种视觉参考。例如，如果将网格的间距设置为 10mm，则将两个形状定位到相隔两个网格的位置上时，两个形状的间距就是 20mm，如图 4-53 所示。

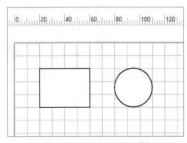

图 4-53　利用网格放置和对齐形状

如需设置网格间距，可以打开"标尺和网格"对话框，在"网格"类别中设置网格间距的类型、最小间距和网格起点，请参考图 4-50。网格间距包括"细致""正常""粗糙"和"固定"4 项。前 3 项设置可变网格的间距类型，最后一项设置网格的固定间距。如需为网格间距设置一个固定值，可以在"网格间距"下拉列表中选择"固定"选项，然后在"最小间距"文本框中输入一个表示网格间距的值。

在 Visio 中绘图时通常默认使用可变网格，这意味着当改变绘图的显示比例时，网格间距会自动变化。放大显示比例时，网格表示较小的距离；缩小显示比例时，网格表示较大的距离。例如，在绘图页中绘制一个 40mm 宽的矩形，将其放置在标尺上的 20 ～ 60 刻度。当显示比例是 50% 时，40mm 的宽度正好横跨 4 个网格，如图 4-54 所示。

当显示比例是 100% 时，从标尺上看矩形的位置仍然在标尺上的 20 ～ 60 刻度，但是 40mm 的宽度现在横跨了 8 个网格，如图 4-55 所示。这说明放大显示比例后，相同尺寸内的网格数量增多了，也就意味着每个网格表示的距离减少了。

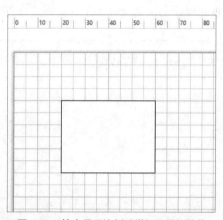

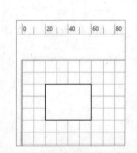

图 4-54　矩形的宽度横跨 4 个网格　　　　　图 4-55　放大显示比例后增加了网格数量

打印绘图时，默认不会打印网格。如需将网格打印到纸张上，可以在"页面设置"对话框的"打印设置"选项卡中勾选"网格线"复选框，如图 4-56 所示。

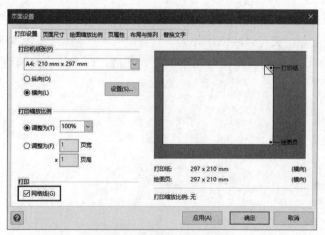

图 4-56　勾选"网格线"复选框

### 3. 参考线

使用参考线可以快速定位和对齐多个形状。可以将参考线当作对齐多个形状的基准，也可以将多个形状粘附到参考线上，然后通过移动参考线将所有粘附到参考线上的形状同时移动到目标位置。

　　如需在绘图页中添加参考线，需要先在绘图页中显示标尺并在"视图"选项卡中勾选"参考线"复选框，然后将鼠标指针移动到水平标尺或垂直标尺上，当鼠标指针变为双向箭头时，按住鼠标左键并拖动到绘图页的范围内，即可在绘图页中添加一条参考线，如图 4-57 所示。不断重复该操作，可以添加多条参考线。拖动水平标尺将添加水平参考线，拖动垂直标尺将添加垂直参考线。

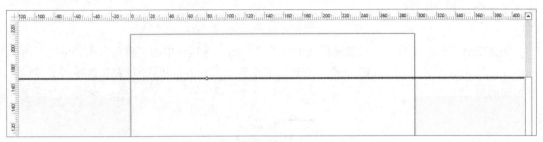

图 4-57　在绘图页中添加参考线

可以对参考线执行以下几种操作。

● 移动参考线：将鼠标指针移动到参考线上，当鼠标指针变为双向箭头时，按住鼠标左键并进行拖动，将移动参考线。

● 旋转参考线：单击参考线以将其选中，然后在功能区的"视图"选项卡中单击"任务窗格"按钮，在弹出的菜单中选择"大小和位置"命令，打开"大小和位置"窗格，在"角度"文本框中输入一个表示角度的数字，正数表示顺时针旋转，负数表示逆时针旋转，如图 4-58 所示。按 Enter 键后，将选中的参考线旋转所设置的角度。

● 删除参考线：如果想要删除绘图页上的参考线，则可以单击参考线，以将其选中，然后按 Delete 键。

　　在绘图页中拖动形状时，当该形状接近另一个形状的任意一个边缘或中心线等特定几何位置时，将自动显示一条或多条水平或垂直的虚线，如图 4-59 所示。在 Visio 中将这种功能称为"动态网格"，动态网格有助于用户更容易对齐或定位形状。

图 4-58　设置旋转角度　　　　　　　　　图 4-59　动态网格

开启"动态网格"功能有以下两种方法：

● 在功能区的"视图"选项卡中勾选"动态网格"复选框，如图 4-60 所示。

● 在"视图"选项卡中单击"视觉帮助"组右下角的对话框启动器 ⌐，打开"对齐和粘附"对话框，在"常规"选项卡中勾选"动态网格"复选框，请参考图 4-35。

图 4-60　勾选"动态网格"复选框

### 4.4.3　自动排列形状

如需快速排列多个形状，可以使用功能区的"开始"选项卡中的"排列"和"位置"两个命令，如图 4-61 所示。"排列"命令用于设置多个形状的对齐方式，"位置"命令用于设置多个形状的分布方式。

图 4-61　"排列"和"位置"两个命令

对齐多个形状时，Visio 会自动将其中一个形状当作对齐基准，其他形状都以该形状为参照进行对齐。选择多个形状时，第一个选中的形状被自动指定为基准形状。为了灵活指定基准形状，可以先选择要作为对齐基准的形状，然后按住 Shift 键，再选择其他形状。选择多个形状后，边框较粗的形状是基准形状，如图 4-62 所示的矩形是基准形状。

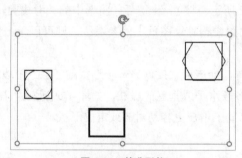

图 4-62　基准形状

确定好基准形状后，当执行对齐命令时，选中的其他形状将以基准形状的位置为参照进行对齐。以图 4-62 为例，由于矩形是基准形状，如果在功能区的"开始"选项卡中单击"排列"按钮，然后在弹出的菜单中选择"顶端对齐"命令，则其他两个形状的上边缘将与矩形的上边缘对齐，如图 4-63 所示。该菜单中的其他命令用于以不同方式对齐形状。

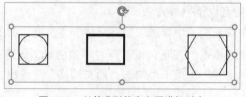

图 4-63　以基准形状为参照进行对齐

　　除了设置形状的对齐之外，还可以快速为多个形状设置相同的间距。选择需要设置间距的多个形状，然后在功能区的"开始"选项卡中单击"位置"按钮，在弹出的菜单中选择"横向分布"或"纵向分布"命令，如图 4-64 所示。

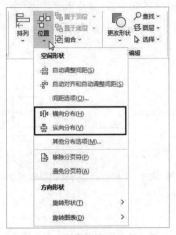

图 4-64　选择形状的分布方式

图 4-65 是选择"横向分布"命令之前和之后的效果。

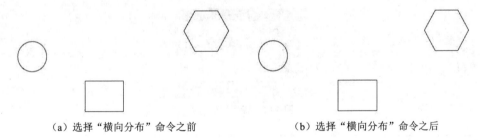

（a）选择"横向分布"命令之前　　　　　　　（b）选择"横向分布"命令之后

图 4-65　为形状设置横向分布

提示

　　Visio 默认以两个形状相邻边缘之间的距离作为横向分布和纵向分布的基准位置。用户可以更改形状分布参照的基准位置，只需在功能区的"开始"选项卡中单击"位置"按钮，然后在弹出的菜单中选择"其他分布选项"命令，在打开的对话框中选择横向分布（水平分布）和纵向分布（垂直分布）的基准位置，如图 4-66 所示。

图 4-66　更改形状分布的基准位置

　　如果两个形状已经使用连接线连接起来，则可以使用自动对齐和调整间距功能，将这两个形状自动以 Visio 默认的间距进行排列。图 4-67 是自动对齐和调整间距之前和之后的效果，选择通过连接线连接在一起的圆形和矩形，然后在功能区的"开始"选项卡中单击"位置"按钮，在弹出的菜单中选择"自动对齐和自动调整间距"命令，Visio 会将选中的两个形状自动对齐，并将它们之间的距离设置为 Visio 默认的间距 7.5mm。

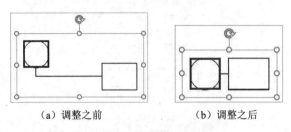

（a）调整之前　　　　　　（b）调整之后

图 4-67　使用自动对齐和调整间距功能

提示

　　可以根据形状之间的布局需求更改 Visio 的默认间距。在功能区的"开始"选项卡中单击"位置"按钮，然后在弹出的菜单中选择"间距选项"命令，在打开的对话框中设置 Visio 默认的水平间距和垂直间距，如图 4-68 所示。

图 4-68　设置默认间距

### 4.4.4　旋转和翻转形状

　　有时需要绘制旋转一定角度的形状，可以在绘制形状后选择该形状，然后使用以下两种方法旋转形状。

- 将鼠标指针移动到旋转手柄上，当鼠标指针变为黑色的弯曲箭头时，向左或向右拖动鼠标，以逆时针或顺时针的方向旋转形状，如图 4-69 所示。如果在旋转手柄上方或距离较近的位置拖动鼠标，则会以 15° 为增量进行旋转。
- 如需将形状旋转精确的角度，可以在功能区的"视图"选项卡中单击"任务窗格"按钮，在弹出的菜单中选择"大小和位置"命令，然后在打开的窗格中设置"角度"值，如图 4-70 所示。

提示

　　将鼠标指针移动到形状的旋转手柄上时，会在形状的中心位置显示一个圆圈，它是旋转中心点，可以将旋转中心点拖动到其他位置，形状将围绕这个点旋转。

　　如需为形状创建镜像效果，可以选择形状，在功能区的"开始"选项卡中单击"位置"按钮，然后在弹出的菜单中选择"旋转形状"命令，在弹出的子菜单中选择"垂直翻转"或"水平翻转"命令。图 4-71 是对一个三角形进行水平翻转之前和之后的效果。

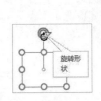
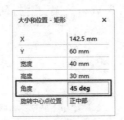

（a）水平翻转之前　　（b）水平翻转之后

图 4-69　旋转形状　　图 4-70　设置形状的旋转角度　　图 4-71　水平翻转

## 4.4.5　设置形状的层叠位置

　　当多个形状部分或完全重叠在一起时，可以设置哪个形状在上层，哪个形状在下层。位于顶部的形状将完整显示，位于下方的形状只会显示一部分或完全不显示。

　　如需设置形状的层叠位置，可以在选择形状后，使用功能区的"开始"选项卡中的"置于顶层"和"置于底层"两个按钮，可以设置"置于顶层""置于底层""上移一层"和"下移一层" 4 种层叠位置，如图 4-72 所示。

　　图 4-73 是对左侧的三角形执行"置于顶层"命令之前和之后的效果。

（a）原图　　　　（b）执行"置于顶层"命令之后

图 4-72　设置形状的层叠位置　　图 4-73　设置形状层叠位置的效果

## 4.4.6　复制形状

　　如需快速获得形状的一个或多个副本，可以对形状执行复制操作。首先需要使用以下几种方法将形状复制到剪贴板，然后将其粘贴到绘图页中。
- 右击形状，在弹出的菜单中选择"复制"命令。
- 选择形状，在功能区的"开始"选项卡中单击"复制"按钮。
- 选择形状，然后按 Ctrl+C 组合键。

使用以上任意一种方法后，按 Ctrl+V 组合键，将剪贴板中的形状粘贴到绘图页中。

提示

可以同时选择多个形状后执行复制操作，粘贴后这些形状将保持它们原来的相对位置。

在 Visio 中提供了类似于 AutoCAD 中的"阵列"的功能，可以基于一个形状快速复制出排列整齐且具有相同间距的多个形状。

如需使用该功能，可以先选择需要复制的形状，然后在功能区的"视图"选项卡中单击"加载项"按钮，在弹出的菜单中选择"其他 Visio 方案"|"排列形状"命令，如图 4-74 所示。

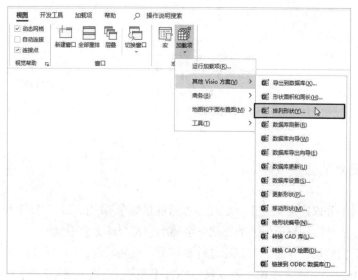

图 4-74 选择"排列形状"命令

打开"排列形状"对话框，其中的设置分为以下两个部分，如图 4-75 所示。

● 布局：设置复制后的形状具有的行数和列数，以及各行和各列形状的间距。
● 间距："形状中心之间"和"形状边缘之间"两项决定在"布局"部分设置的间距的计算方式。如果点选"形状中心之间"单选按钮，则设置的间距是指两个形状中心点之间的距离。此时需要将两个形状的宽度和高度纳入考虑范围，否则复制形状后可能会出现形状重叠的问题。如果点选"形状边缘之间"单选按钮，则设置的间距是指两个形状相邻边缘之间的距离。

选择绘图页中的一个矩形，打开"排列形状"对话框，按照图 4-75 进行设置，单击"确定"按钮后的效果如图 4-76 所示，复制选中的矩形并自动生成 3 行 4 列的矩形阵列，相邻两行的间距是 10mm，相邻两列的间距是 20mm。

图 4-75 "排列形状"对话框

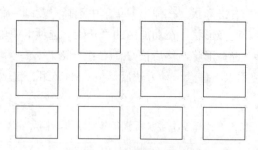

图 4-76 自动生成形状阵列

创建形状阵列的方向位于所选形状的上方和右侧，所以选择的形状应该位于即将创建的阵列的左下角。

## 4.4.7  将多个形状组合为一个整体

如果经常需要同时处理特定的几个形状，则可以使用"组合"功能将几个形状组合为一个整体。组合后的这些形状将作为一个整体一起移动，还可以为组合中的所有形状设置统一的格式。当然，也可以单独为组合中的某个形状设置格式。

如需将多个形状组合在一起，可以先选择这些形状，然后右击选中的任意一个形状，在弹出的菜单中选择"组合"|"组合"命令，如图 4-77 所示。

将多个形状组合在一起之后，当单击组合形状时，将在组合形状的外边缘显示一个边框，位于边框内部的每一个形状都是组合形状的一部分，这些形状共用一个选择手柄，如图 4-78 所示。

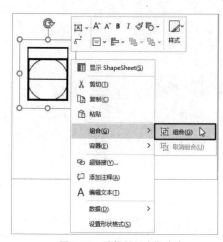

图 4-77  选择"组合"命令

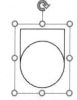

图 4-78  组合形状的选择手柄

如需选择组合形状内部的某个形状，可以先单击组合形状，然后单击需要选择的那个形状，将选中该形状并显示其选择手柄，如图 4-79 所示。

实际上，Visio 内置模具中的很多形状也是组合形状。例如，将"常规"模具类别中的"图案形状"模具添加到"形状"窗格中，打开该模具，可以看到其中的很多形状都是组合形状，例如名为"笑脸"的形状，它由 3 个圆形组合而成，如图 4-80 所示。

图 4-79  选择组合形状中的某个形状

图 4-80  内置模具中的组合形状

如需解除形状之间的组合，可以右击组合形状，在弹出的菜单中选择"组合"|"取消组合"命令。

### 4.4.8　设置形状的整体布局

Visio 提供了对绘图页中的形状进行整体布局的功能，使该功能可以正常工作的前提是形状之间需要使用动态连接符进行连接。

如需为绘图页中的所有形状设置整体布局，需要确保没有在绘图页中选择任何形状，然后在功能区的"设计"选项卡中单击"重新布局页面"按钮，在弹出的菜单中选择一种布局方案，如图 4-81 所示。

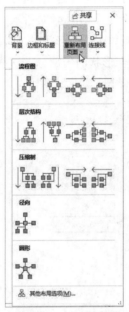

图 4-81　选择布局方案

图 4-82 是在绘图页上添加的 5 个矩形以及它们之间的连接方式。如果选择图 4-81 中的"流程图"类别中的第 3 个（"从左到右"）布局方案，则 5 个矩形的排列方式将变为如图 4-83 所示。

图 4-82　5 个矩形的初始排列方式　　　　图 4-83　自动调整后的排列方式

如需设置形状布局的相关选项，可以选择图 4-81 中的"其他布局选项"命令，在打开的"配置布局"对话框中进行设置，如图 4-84 所示。

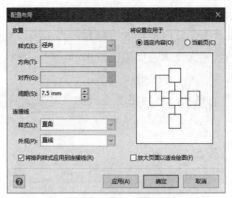

图 4-84　设置布局选项

这些选项的功能如下。

- 样式："放置"类别中的"样式"用于设置形状的放置方式,包括径向、流程图、圆形、压缩树、层次结构 5 种。设置该项的同时 Visio 会自动改变"连接线"类别中的设置,以便与用户选择的放置样式相匹配。
- 方向:设置形状的整体流向,例如在创建组织结构图时通常将方向设置为"从上到下"或"从左到右"。
- 对齐:设置形状之间的对齐方式。只有将"样式"设置为"层次结构"时,该项才起作用。例如,如果将层次结构图的方向设置为"从上到下",则再将"对齐"设置为"靠左"时,层次结构图中每一层的第一个形状都会进行左对齐。
- 间距:设置形状之间的距离。
- 样式:"连接线"类别中的"样式"用于设置连接线在形状布局中走什么样的路径。例如,"直角"样式会在两个形状之间以直角的形式绘制连接线,而"树"样式是在两个形状相邻两边的中点之间绘制连接线。
- 外观:设置连接线是直线还是曲线。
- 将排列样式应用到连接线:如需将新设置的排列选项应用到绘图页上的部分或全部连接线,则需要选择该选项。
- 放大页面以适合绘图:对一些布局的设置可能会占用较大的页面空间,选择"放大页面以适合绘图"选项可以让 Visio 自动调整绘图页的大小,以容纳较大的形状布局。
- 将设置应用于:选择布局设置的作用范围,包括"选定内容"和"当前页"两项。如果在打开"配置布局"对话框之前选中了部分形状,则两项都可用,否则只能选择"当前页"选项。如果选择"选定内容"选项,则设置的布局选项只作用于当前选中的形状,否则设置的布局作用于当前绘图页上的所有形状。

## 4.4.9　设置形状的行为

4.2.8 小节介绍了有关形状行为的一个设置,该设置决定在使用连接线连接的两个形状之间插入一个形状时,是否能够自动断开连接线,并自动连接到插入的形状的两侧。

除此之外，还可以设置形状的其他行为，例如双击形状时执行的操作。在 Visio 中双击一个形状将自动进入文本编辑状态，此时形状的边框显示为虚线，并在形状中心或形状附近显示一个插入点，用户可以为形状输入文本。如果在双击形状时不想执行任何操作，则可以设置该形状的行为，操作步骤如下：

（1）选择需要设置行为的形状，然后在功能区的"开发工具"选项卡中单击"行为"按钮，如图 4-85 所示。

图 4-85　单击"行为"按钮

（2）打开"行为"对话框，在"双击"选项卡中点选"不执行任何动作"单选按钮，然后单击"确定"按钮，如图 4-86 所示。

图 4-86　为所选形状设置双击时要执行的操作

如需更改当前绘图文件中同一种形状的所有实例，可以使用文档模具。该模具包含添加到当前绘图文件中的所有形状，包括已经删除的形状。显示文档模具有以下两种方法。

● 在"形状"窗格中单击"更多形状"，然后在弹出的菜单中选择"显示文档模具"选项。

● 在功能区的"开发工具"选项卡中勾选"文档模具"复选框。

打开文档模具后，右击其中需要设置行为的主控形状，在弹出的菜单中选择"编辑主控形状"|"编辑主控形状"命令，然后在打开的窗口中设置该主控形状的行为，操作方法与前面介绍的完全相同，此处不再赘述。设置完成后，关闭主控形状所在的窗口，将显示类似如图 4-87 所示的提示信息，单击"是"按钮保存设置结果。

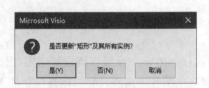

图 4-87　保存对主控形状所做的修改

# 4.5　使用容器对形状进行逻辑分组

一些复杂的图表通常由多个不同的逻辑部分组成，为了使这些逻辑部分更清晰、更易理解，可以使用"容器"将形状划分为不同的逻辑单元。

## 4.5.1　创建容器

创建容器有两种方法，一种方法是先创建一个空白容器，然后将形状添加到容器中；另一种方法是直接为选中的形状创建容器，创建后这些形状自动位于容器中。下面分别介绍这两种方法。

### 1. 创建空白容器并在其中添加形状

在绘图页中不要选择任何形状，然后在功能区的"插入"选项卡中单击"容器"按钮，在打开的列表中选择一种容器，如图 4-88 所示。

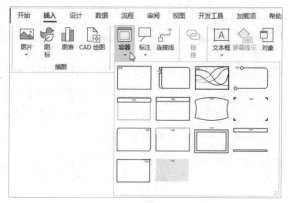

图 4-88　选择一种容器式

将在当前绘图页中创建所选容器，其中不包含任何形状，如图 4-89 所示。在绘图页中选择需要添加到容器中的一个或多个形状，然后将它们拖动到容器的范围内，即可将选中的形状添加到容器中，如图 4-90 所示。以后单击容器中的形状时，该形状所在的容器的边框会突出显示。

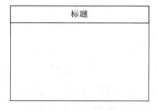

图 4-89　创建空白容器

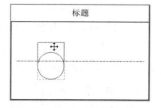

图 4-90　将形状拖动到容器中

### 2. 为选中的形状创建容器

如果已经在绘图页中创建好了形状，则可以直接为这些形状创建容器。选择需要创建容器的一个或多个形状，然后在功能区的"插入"选项卡中单击"容器"按钮，在打开的列表中选择一种容器，即可为选中的形状创建容器，这些形状自动位于创建的容器中。

## 4.5.2 设置容器的格式

创建的容器包含默认的标题，为了增加可读性，可以将标题修改为有意义的内容，如图
4-91 所示。如需修改容器的标题，可以右击容器并选择"编辑文本"命令，第 5 章将详细介绍
为形状添加文本的方法。

图 4-91　修改容器的标题

大多数容器的标题位于顶部，如需更改标题的位置，可以选择绘图页中的容器，然后在功
能区的"容器格式"选项卡中单击"标题样式"按钮，在打开的列表中选择一种标题位置，如
图 4-92 所示。

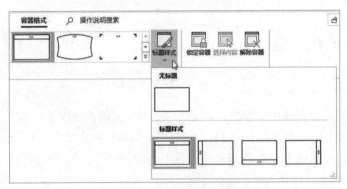

图 4-92　更改标题的位置

用户还可以调整容器的大小，有以下 3 种方法。

● 选择容器，然后使用鼠标拖动容器边框上的选择手柄。

● 选择容器，然后在功能区的"容器格式"选项卡中单击"自动调整大小"按钮，在弹
出的菜单中选择一种调整大小的方式，如图 4-93 所示。如需根据容器内部的形状大小
自动调整容器的大小，可以选择"始终根据内容调整"选项。

● 如果已将形状添加到容器中，则可以在功能区的"容器格式"选项卡中单击"根据内
容调整"按钮（请参考图 4-93），使容器大小自动匹配其内部的形状，该方法与第二
种方法的效果相同。

图 4-93　设置自动调整大小

### 4.5.3　锁定和删除容器

如果已将形状添加到容器中，并且不再对容器做任何改动，则可以锁定容器，以免对容器出现误操作。选择需要锁定的容器，然后在功能区的"容器格式"选项卡中单击"锁定容器"按钮，即可锁定选中的容器，如图 4-94 所示。

图 4-94　锁定容器

锁定容器后，无法再将形状添加到容器中或从容器中删除形状。只有先解除锁定，才能执行该操作。如需解除锁定，可以选择容器，然后单击图 4-94 中的"锁定容器"按钮，使该按钮弹起即可。

如需删除容器中的所有形状，可以在功能区的"容器格式"选项卡中单击"选择内容"按钮，将自动选中容器中的所有形状，然后按 Delete 键，即可将它们从容器中删除。也可以手动选择容器中的形状，方法与在绘图页中选择形状相同。

如果只想删除容器，而保留其中的所有形状，则可以选择容器，然后在功能区的"容器格式"选项卡中单击"删除容器"按钮。在以下几种情况下，"删除容器"按钮将处于禁用状态。

- 容器已被锁定。
- 在容器中选择了一个或多个形状。
- 容器的标题区域或其下方的内容区域处于选中状态，此时容器的边框将加粗显示，如图 4-95 所示。

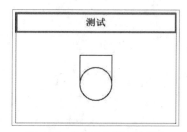

图 4-95　容器的边框加粗显示

## 4.6 使用图层组织和管理形状

Photoshop 中的图层功能为处理图像带来极大的方便，Visio 也提供了类似的图层功能。使用该功能可以更加方便地组织和管理绘图页中的形状。

### 4.6.1 创建图层

在 Visio 中执行某些操作时，会自动创建一些图层。例如，在绘图页上创建容器时，将自动创建名为"容器"的图层。用户也可以手动创建图层，操作步骤如下：

（1）在功能区的"开始"选项卡中单击"图层"按钮，然后在弹出的菜单中选择"图层属性"命令，如图 4-96 所示。

（2）打开"图层属性"对话框，单击"新建"按钮，然后在打开的"新建图层"对话框中输入图层的名称，如图 4-97 所示。

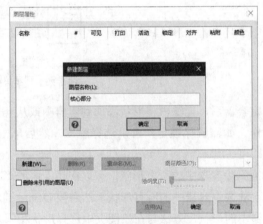

图 4-96 选择"图层属性"命令　　　　图 4-97 单击"新建"按钮

（3）单击"确定"按钮，关闭"新建图层"对话框，新建的图层显示在"图层属性"对话框中，如图 4-98 所示。

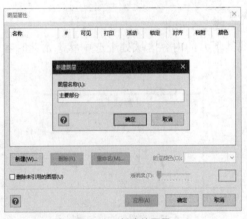

图 4-98 创建的图层

以后可以在"图层属性"对话框中使用"重命名"按钮修改图层的名称，使用"删除"按钮删除图层。删除图层时，将显示如图 4-99 所示的提示信息，单击"是"按钮，将同时删除图层和位于该图层中的所有形状。

图 4-99　删除图层时显示的提示信息

在"图层属性"对话框中单击"删除"按钮显示提示信息时，如果单击"否"按钮，则在不关闭"图层属性"对话框的情况下再次单击"删除"按钮，将不会再显示该提示信息，而是直接删除选中的图层及其中的形状。

### 4.6.2　为形状分配图层

在一个绘图页中创建的图层只对该绘图页中的所有形状有效，而对其他绘图页不可见。用户可以将绘图页中的形状分配给用户创建的图层或 Visio 自动创建的图层。

在绘图页中选择一个或多个形状，然后在功能区的"开始"选项卡中单击"图层"按钮，在弹出的菜单中选择"分配层"命令，打开"图层"对话框，其中显示在当前绘图页中创建的所有图层，选择要将形状分配给哪个图层（可以将一个形状分配给多个图层），如图 4-100 所示。单击"确定"按钮，关闭"图层"对话框，即可将选中的形状分配给指定的图层。

图 4-100　选择要将形状分配给哪个图层

如需更改形状所属的图层，可以重复执行上述操作，在"图层"对话框中重新选择所需的图层。如需从图层中移除某个形状，可以在选择该形状后打开"图层"对话框，然后取消所有已选中的图层。

### 4.6.3　使用图层管理形状

将绘图页中的形状分配给图层后，可以使用图层管理位于同一个图层中的所有形状。在

"图层属性"对话框中列出了当前绘图页中包含的所有图层的名称，每个图层名称的右侧有一系列复选框，通过勾选特定的复选框来对图层实施所需的控制，如图 4-101 所示。

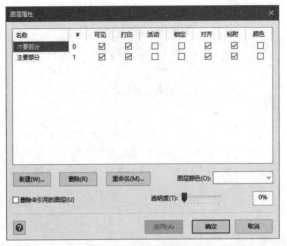

图 4-101　通过图层属性管理图层中的所有形状

例如，如需使"主要部分"图层中的所有形状无法被选中或修改，可以在"图层属性"对话框中勾选"主要部分"图层中的"锁定"复选框，如图 4-102 所示。

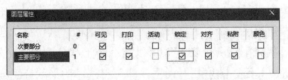

图 4-102　勾选"锁定"复选框

如需快速改变多个形状的边框色，可以在"图层属性"对话框中勾选这些形状所属图层中的"颜色"复选框，然后在该对话框的"图层颜色"下拉列表中选择一种颜色，如图 4-103所示。

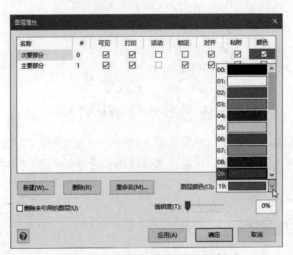

图 4-103　为图层中的所有形状设置边框色

**注意**

如果为图层启用了"锁定"属性，则在设置颜色前需要先取消勾选"锁定"复选框。

# 4.7 设置形状的外观格式

在 Visio 中通过为形状设置边框和填充来改变形状的外观，使图表具有更好的视觉效果，还可以使用布尔操作来获得特殊的形状。本节将介绍上述工具的使用方法，它们只作用于选中的形状。如需改变绘图页中所有形状的外观，可以使用主题，主题的相关内容将在第 7 章中介绍。

## 4.7.1 设置形状的边框和填充

使用模板创建绘图文件时，有的绘图文件中的形状默认带有填充色，而有的绘图文件中的形状默认只有边框线，没有填充色，形状外观上的这种差异是由模板中默认应用的主题类型造成的。无论形状默认是否带有填充色，用户都可以手动为形状设置填充色，还可以设置形状的边框。

如需设置形状的边框和填充，需要先在绘图页中选择形状，然后在功能区的"开始"选项卡中单击"线条"按钮或"填充"按钮，从打开的列表中选择所需的选项，如图 4-104 所示。

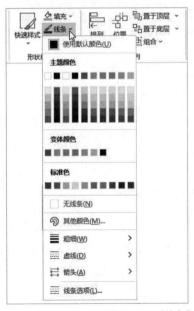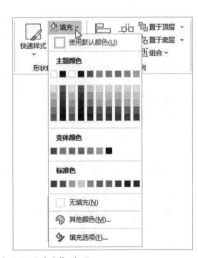

图 4-104 "线条"选项和"填充"选项

选择图 4-104 底部的"线条选项"或"填充选项"命令，可以在打开的"设置形状格式"窗格中对边框和填充进行更全面的设置，如图 4-105 所示。

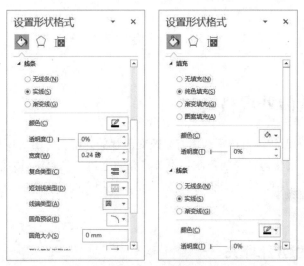

图 4-105　在窗格中设置边框和填充

## 4.7.2　通过几何运算生成特殊形状

在 Visio 中可以根据现有的几个形状生成新的形状，该功能位于功能区的"开发工具"选项卡的"形状设计"组中，单击该组中的"操作"按钮，在弹出的菜单中选择一种生成新形状的方式，如图 4-106 所示。

图 4-106　选择对形状执行的特殊操作

图 4-107 是矩形、圆形、三角形 3 个形状重叠摆放时的效果。同时选择这 3 个形状，然后选择图 4-106 中的"联合"命令，将生成如图 4-108 所示的形状，它以 3 个形状的外边框作为轮廓线，将所有形状的边界连成一个整体。

图 4-107　重叠摆放的 3 个形状

图 4-108　执行"联合"操作后生成新的形状

# 第 5 章
# 在绘图中添加文本和图片

绘制好组成图表的各个形状和连接线后，为了使图表的含义清晰明确、易于理解，需要在图表中加入适当的文本。在 Visio 中添加和编辑文本的大多数操作与 Word 类似，但是也有其独特之处。除了文本，有时可能也需要在绘图中添加图片，使图表生动并更具可读性。本章将介绍在绘图中添加和编辑文本与图片的方法。

## 5.1 添加和编辑文本

在 Visio 中可以使用多种方法在形状的内部或连接线的中间位置添加文本，还可以将 Visio 自动记录的有关绘图文件、绘图页或形状等对象的特定信息添加到形状中。此外，可以使用"标注"功能为形状添加附加说明。

### 5.1.1 为形状添加文本

在形状中添加文本有以下几种方法：
- 选择形状，然后输入所需的文本，此时会自动进入文本编辑状态。
- 选择形状，按 F2 键，进入文本编辑状态，然后输入所需的文本，如图 5-1 所示。
- 双击形状，进入文本编辑状态，然后输入所需的文本。
- 右击形状，在弹出的菜单中选择"编辑文本"命令，如图 5-2 所示。

图 5-1　文本编辑状态

图 5-2　选择"编辑文本"命令

进入文本编辑状态后，形状的边框显示为虚线，在形状中显示一个闪烁的竖线，将其称为"插入点"，插入点的位置决定输入文本的位置。

输入完成后，按 Esc 键或单击绘图页中的空白处，退出文本编辑状态。进入文本编辑状态时，Visio 默认会自动放大显示比例，以便清晰显示文本，退出文本编辑状态后会自动恢复为输入文本前的显示比例。

### 5.1.2　为连接线添加文本

为连接线添加文本的方法与形状类似，双击连接线、选择连接线后按 F2 键或者右击连接线后选择"编辑文本"命令等。

图 5-3 是进入文本编辑状态时的连接线的外观，输入所需的文本，然后按 Esc 键或单击绘图页中的空白处，即可为连接线添加文本。

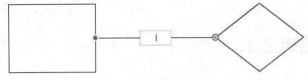

图 5-3　为连接线添加文本

### 5.1.3　为形状添加标注

除了在形状中添加文本之外，还可以为形状添加标注。标注通常显示在形状附近，用于对形状附加说明。如需为形状添加标注，可以先选择形状，然后在功能区的"插入"选项卡中单击"标注"按钮，在打开的列表中选择一种标注样式，如图 5-4 所示。

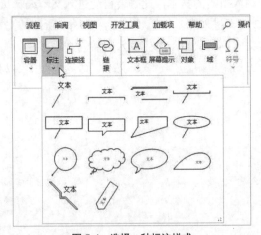

图 5-4　选择一种标注样式

选择一种标注样式后，默认在形状的右上方添加标注，在标注文本框中输入标注的内容即可，如图 5-5 所示。用户可以单击标注并将其拖动到所需的位置。

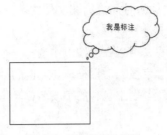

图 5-5    为形状添加标注

### 5.1.4    在绘图页中的任意位置添加文本

除了为形状和连接线添加文本之外,有时可能需要将文本添加到绘图页中的某个特定位置上,有以下两种方法。

**1. 使用"开始"选项卡中的"文本"按钮**

在功能区的"开始"选项卡中单击"文本"按钮,如图 5-6 所示。然后在绘图页中的任意位置上单击,进入文本编辑状态,输入文本后按 Esc 键,将文本添加到单击的位置上。

**2. 使用"插入"选项卡中的"文本框"按钮**

在功能区的"插入"选项卡中单击"文本框"按钮上的下拉按钮,在弹出的菜单中选择"绘制横排文本框"命令或"竖排文本框"命令,如图 5-7 所示。然后在绘图页中沿对角线拖动鼠标,将创建一个文本框,在其中输入文本后按 Esc 键。

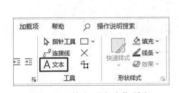

图 5-6    单击"文本"按钮

图 5-7    选择文本框的类型

图 5-8 是使用"单击"和"沿对角线拖动鼠标"两种方式创建的文本框。

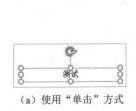

(a)使用"单击"方式

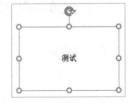

(b)使用"沿对角线拖动鼠标"方式

图 5-8    具有默认大小和用户指定大小的文本框

### 5.1.5    添加文本字段中的信息

Visio 将绘图文件和绘图页中形状的相关信息存储在字段中,这些字段记录了绘图文件创建者的名字、创建和编辑绘图文件的时间、绘图文件的名称和路径、形状所在绘图页的标签名、形状的尺寸等信息。

如需查看字段记录了哪些信息，可以在绘图页中选择一个形状，然后在功能区的"插入"选项卡中单击"域"按钮，打开"字段"对话框，在左侧的列表框中显示字段的类别，在右侧的列表框中显示在左侧选中的字段类别中包含的字段名称，每一个字段名称代表一种信息，如图 5-9 所示。

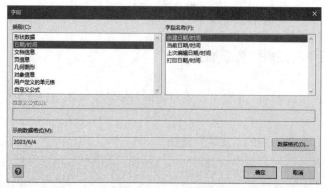

图 5-9 "字段"对话框

选择一个字段名称，然后单击"确定"按钮，将在选中的形状中显示字段代表的信息，如图 5-10 所示。

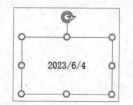

图 5-10 在形状中显示字段信息

在"字段"对话框的"类别"列表框中的各个字段类别的含义如下。

- 形状数据：该类别中的字段与所选形状的形状数据字段相对应。
- 日期 / 时间：记录创建和打印绘图文件、最近一次编辑绘图文件以及当前的日期和时间。
- 文档信息：记录文件"属性"中的信息，例如文件的创建者。
- 页信息：记录当前绘图文件中绘图页的相关信息，例如绘图页的名称、绘图文件包含的绘图页总数。
- 几何图形：记录所选形状的宽度、高度和旋转角度。
- 对象信息：记录形状的内部 ID 或用于创建形状的主控形状。
- 用户定义的单元格：记录在 ShapeSheet 中的 User-Defined Cells 部分设置的规则的结果。
- 自定义公式：记录在"自定义公式"文本框中输入的规则的结果。

## 5.1.6　在页眉和页脚中添加文本

Visio 中的页眉和页脚位于每个绘图页的顶部和底部，在页眉和页脚中添加的内容自动显示在每个绘图页的顶部和底部的左、中、右 3 个位置上。如需在页眉和页脚中添加文本，可以单击"文件"按钮，然后选择"打印"命令，进入打印界面，选择底部的"编辑页眉和页脚"选项，如图 5-11 所示。

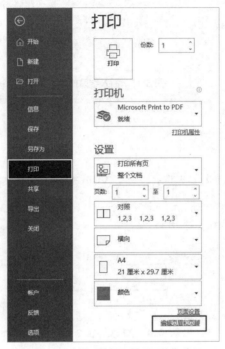

图 5-11　选择"编辑页眉和页脚"选项

打开如图 5-12 所示的"页眉和页脚"对话框，"页眉"和"页脚"两个部分都提供了 3 个文本框，在这些文本框中输入的内容将出现在页眉和页脚中的左、中、右 3 个位置上。

图 5-12　"页眉和页脚"对话框

用户可以在这些文本框中输入所需的内容，还可以单击文本框右侧的按钮，在弹出的菜单中选择需要插入的字段信息，如图 5-13 所示。

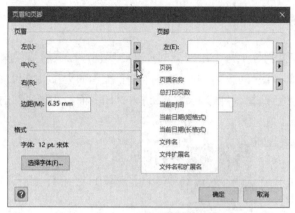

图 5-13　插入字段信息

### 5.1.7　选择文本

在 Visio 中操作文本之前需要先选择文本，Visio 提供了选择文本的多种工具，包括指针工具、文本工具、文本块工具。这些工具可以满足不同的选择需求，它们位于功能区的"开始"选项卡的"工具"组中，如图 5-14 所示。

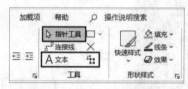

图 5-14　选择文本的 3 种工具

下面介绍 3 种工具的用法，它们可以实现一些相同的功能，但是也各有特点。

**1. 指针工具**

使用指针工具可以选择整个形状，也可以选择形状中的所有或部分文本，还可以在文本中定位插入点。如需使用指针工具，可以单击图 5-14 中的"指针工具"按钮，然后执行以下操作：

- 单击形状，将选中该形状。
- 双击形状，或者单击形状后按 F2 键，将选中该形状中的所有文本。
- 将鼠标指针移动到需要定位插入点的位置，然后快速单击形状 3 次，即可将插入点定位到单击的位置。

**2. 文本工具**

使用文本工具可以在文本中快速定位插入点，或者在包含多个段落的文本中快速选择某个段落。如需使用文本工具，可以单击图 5-14 中的"文本"按钮，然后执行以下操作：

- 将鼠标指针移动到需要定位插入点的位置并单击，即可将插入点定位到此处。
- 将鼠标指针移动到需要选择的段落上方，然后快速单击形状 3 次，将选中该段落。

- 如果已经使用指针工具选中了一个形状，则在启用文本工具后，将自动进入文本编辑
  状态并选中该形状中的所有文本。

### 3. 文本块工具

使用文本块工具也可以选择文本和定位插入点，与前两种工具的主要区别是可以将文本以
类似形状的方式进行处理，即将整个文本当作一个整体处理，而非各个独立的字符。如需使用
文本块工具，可以单击图 5-14 中的"文本块"按钮，然后执行以下操作：

- 双击形状，将选中形状中的所有文本。
- 单击形状，将整个文本以类似形状的方式选中，然后可以将文本从形状中移出，或者
  旋转文本但是保持形状的角度不变。

5.1.8 小节将介绍使用文本块工具选择文本后对文本的操作方法。

## 5.1.8　重新定位形状中的文本

正如 5.1.7 小节中介绍的，使用文本块工具可以将形状中的所有文本当作一个整体进行处
理，类似于处理形状的方式。启用文本块工具后，单击形状，将在该形状上显示选择手柄和旋
转手柄，这些手柄是属于文本的，而非形状的手柄，如图 5-15 所示。

使用文本块工具单击形状后，将鼠标指针移动到文本上方或选择手柄所在的边框上，当鼠
标指针变为十字箭头时，按住鼠标左键将文本块拖动到目标位置，可将文本与形状分离，如图
5-16 所示。

图 5-15　属于文本的选择手柄和旋转手柄

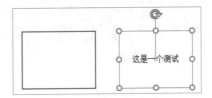
图 5-16　将文本移动到形状之外

如果将文本移动到形状外，选择形状时的效果如图 5-17 所示。拖动形状时，文本会随着
形状一起移动，双击形状仍然可以编辑文本。如需将脱离形状的文本重新移入形状，需要使用
文本块工具。

使用文本块工具可以只旋转形状中的文本，而保持形状的角度不变。使用文本块工具单击
形状后，使用鼠标拖动形状上方的旋转手柄，将旋转文本，如图 5-18 所示。

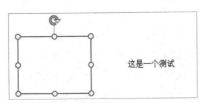
图 5-17　将文本移出形状后选择形状的效果

图 5-18　只旋转文本而保持形状的角度不变

### 5.1.9 修改和删除文本

如需修改形状的文本，需要先使用 5.1.7 小节中的方法进入文本编辑状态，此时默认放大页面的显示比例，以便清晰显示形状的文本，然后使用以下方法编辑形状的文本：

- 拖动鼠标选择需要编辑的文本。
- 使用方向键移动插入点，输入的文本将被放置到插入点位置。
- 按 Delete 键删除插入点右侧的字符，按 Backspace 键删除插入点左侧的字符。对于选中的文本，使用这两个按键将删除它们。
- 按 Esc 键或单击绘图页中的空白处，退出文本编辑状态。

**提示**

如果不想在进入文本编辑状态时自动放大页面的显示比例，则可以打开"Visio 选项"对话框，在"高级"选项卡中将"编辑小于此字号的文字时自动缩放"选项设置为 0 磅，如图 5-19 所示。

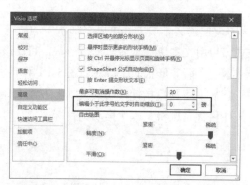

图 5-19  禁止 Visio 自动放大页面的显示比例

如需删除形状中的文本，可以使用指针工具或文本工具进入文本编辑状态，然后使用 Delete 键或 Backspace 键删除插入点两侧的字符或选中的文本，完成后按 Esc 键。

### 5.1.10 设置文本格式

与其他 Microsoft Office 程序类似，Visio 也提供了相同或相似的文本格式选项，使用这些选项可以为绘图中的文本设置字符格式和段落格式，例如字体、字号、字体颜色、对齐方式、缩进、段落间距、行距等。

为文本设置字符格式的方法如下。

- 为形状中的所有文本设置字符格式：使用指针工具选择形状，然后在功能区的"开始"选项卡的"字体"组中选择所需的字符格式，设置结果将作用于形状中的所有文本。图 5-20 是将矩形中的所有文本的字体设置为楷体、字号设置为 30 磅后的效果。选择该形状时，"字体"组中的相关选项会反映当前的设置值，如图 5-21 所示。

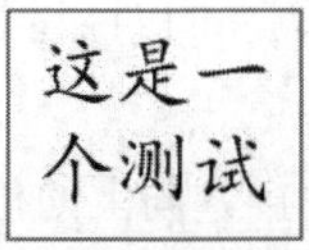

图 5-20　为形状中的所有文本设置字符格式

图 5-21　"字体"组中的选项反映当前设置值

- 为形状中的部分文本设置字符格式：使用文本工具在形状中选择需要设置字符格式的文本，然后在功能区的"开始"选项卡的"字体"组中选择所需的字符格式，设置结果只作用于选中的文本。图 5-22 只为"测试"两个字设置了字符格式。

图 5-22　为形状中的部分文本设置字符格式

技巧

如果"字号"下拉列表中没有所需的字号，则可以在"字号"下拉列表顶部的文本框中输入字号值，例如 25，然后按 Enter 键。

除了使用功能区中的选项设置字符格式之外，还可以在"文本"对话框中设置字符格式。在绘图页中选择需要设置字符格式的文本，然后在功能区的"开始"选项卡中单击"字体"组右下角的对话框启动器 ，打开"文本"对话框，在"字体"选项卡中为文本设置字符格式，如图 5-23 所示。

图 5-23　"文本"对话框

使用功能区的"开始"选项卡的"段落"组中的选项可以为文本设置段落格式。在形状中输入的文本默认居中对齐，如需更改文本在形状中的水平对齐位置，可以选择文本，然后在功能区的"开始"选项卡中单击如图 5-24 所示的对齐按钮。

如果形状的高度大于文本的高度，则会显示文本在形状中垂直方向上的位置。选择文本后，可以在功能区的"开始"选项卡中单击"顶端对齐""中部对齐"或"底端对齐"按钮，设置文本在垂直方向上的位置，如图 5-25 所示。

图 5-24　水平对齐按钮

图 5-25　垂直对齐按钮

**注意**

如果形状中的文本分为多个段落，则在不选择任何一个段落的情况下，执行的对齐操作将作用于形状中的所有文本。如果只想为某个段落设置对齐方式，则需要先选择这个段落，再执行对齐操作。

## 5.2　添加和编辑图片

为了增强图表的视觉效果，用户可以在绘图中添加本地计算机或网络中的图片，并对图片进行一些基本的编辑，包括调整图片的大小和角度、裁剪图片、调整图片的亮度和对比度、去除杂色、锐化和虚化、设置透明度等，还可以将 Visio 中创建的图表转换为图片。

### 5.2.1　在绘图中添加图片

用户可以在绘图中插入本地计算机或网络中的图片。如需插入本地计算机中的图片，可以在功能区的"插入"选项卡中单击"图片"按钮，然后在弹出的菜单中选择"图片"命令，如图 5-26 所示。在打开的对话框中双击所需的图片，即可将其插入到当前绘图页中，如图 5-27 所示。

图 5-26　选择"图片"命令

图 5-27　在绘图页中插入图片

如需插入网络中的图片，可以在图 5-26 所示的菜单中选择"联机图片"命令，打开如图

5-28 所示的对话框，在搜索框中输入关键字可以搜索想要的图片，或者直接从下方的图片类别中查找图片。找到并选择图片，然后单击"插入"按钮，即可将选中的图片插入到当前绘图页中，如图 5-29 所示。

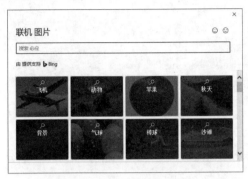

图 5-28　搜索或选择图片类别

图 5-29　选择图片后单击"插入"按钮

## 5.2.2　调整图片的大小和角度

在绘图页中插入图片后，图片默认处于选中状态，其四周也有类似于形状的选择手柄和旋转手柄，如图 5-30 所示。使用鼠标拖动选择手柄，将调整图片的大小；使用鼠标拖动图片上方的旋转手柄，将改变图片的角度。

如需按照 90°进行旋转或实现镜像效果的翻转，可以在功能区的"图片格式"选项卡中单击"旋转"按钮，然后在弹出的菜单中选择所需的旋转或翻转操作，如图 5-31 所示。

图 5-30　选中图片后显示选择手柄和旋转手柄

图 5-31　旋转或翻转图片

## 5.2.3　剪裁图片

选择某些图片后，会发现图片四周存在大量的空白部分。为了避免这些空白部分额外占用空间，可以使用剪裁工具将它们去除。选择图片后，在功能区的"图片格式"选项卡中单击"剪裁工具"按钮，如图 5-32 所示。

选中的图片四周将显示黑色粗线。使用鼠标将这些粗线向图片的中心位置拖动，即可减小图片四周的空白部分，如图 5-33 所示。单击图片以外的区域，完成剪裁操作。再次选择图片时，四周的空白部分被删除，如图 5-34 所示。

图 5-32　单击"剪裁工具"按钮

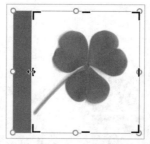
图 5-33　拖动黑线减小图片的空白部分

图 5-34　去除图片的空白部分

### 5.2.4　改善图片的显示效果

如果插入到绘图页中的图片的显示效果不是很好，则可以使用 Visio 内置的工具来改善图片的显示效果。选择图片，然后在功能区的"图片格式"选项卡中单击"自动平衡"按钮，Visio 会根据图片的当前情况自动调整图片的亮度、对比度和灰度，如图 5-35 所示。

如需单独调整图片的亮度和对比度，可以分别单击图 5-35 中的"亮度"按钮和"对比度"按钮，然后在打开的列表中选择所需的选项。

如需单独调整灰度系数，可以在功能区的"图片格式"选项卡中单击"调整"组右下角的对话框启动器 ⌐，打开"设置图片格式"对话框，在"图像控制"选项卡中不但可以设置灰度系数，还可以设置亮度、对比度和其他显示选项，如图 5-36 所示。

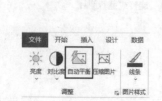
图 5-35　自动调整图片的平衡度

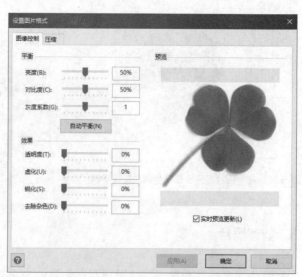
图 5-36　设置灰度系数和其他显示选项

## 5.2.5　将 Visio 图表转换为图片

　　如需在其他应用程序中使用 Visio 中创建的图表，可以在 Visio 中将图表转换为图片文件，在 Visio 中打开需要转换为图片的绘图文件，单击"文件"按钮，然后选择"导出"命令，在"导出"界面中选择"更改文件类型"选项，再在右侧双击所需的图片文件类型，如图 5-37 所示。

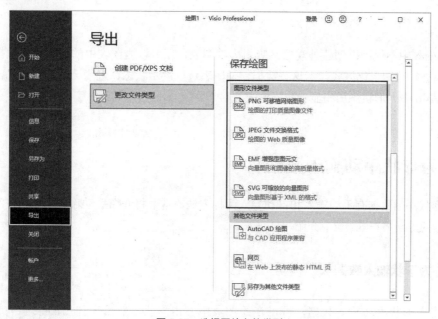

图 5-37　选择图片文件类型

　　在打开的"另存为"对话框中设置图片文件的名称和存储位置，然后单击"保存"按钮，即可将当前绘图文件转换为图片文件。

# 第 6 章
# 为形状添加与显示数据和数据图形

在 Visio 中不仅可以创建外观极具吸引力的图表，还可以为图表中的形状添加数据，并以图标、数据栏等图形化方式显示这些数据，使图表可以展示状态、进度、趋势等信息。本章将介绍在 Visio 中为形状添加和显示数据的方法。

## 6.1　为形状手动输入数据

为形状添加数据有手动输入和自动导入两种方法，本节将介绍手动输入数据的方法，自动导入数据的方法将在 6.2 节中介绍。

### 6.1.1　为形状输入数据

如需为形状手动输入数据，可以在绘图页中右击形状，然后在弹出的菜单中选择"数据"|"定义形状数据"命令，如图 6-1 所示。打开如图 6-2 所示的"定义形状数据"对话框，在各个文本框中输入或选择数据，各项数据共同定义了形状的一个属性，为形状创建数据实际上就是为形状定义一个或多个属性。

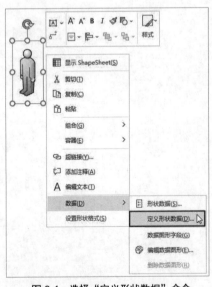

图 6-1　选择"定义形状数据"命令

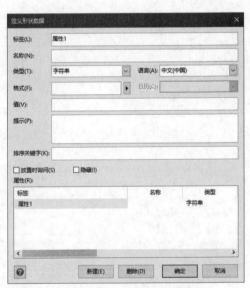

图 6-2　"定义形状数据"对话框

"定义形状数据"对话框中各项数据的含义如下。

- 标签：设置属性的名称。
- 名称：设置显示在 ShapeSheet 中的名称。
- 类型：设置属性值的数据类型，包括字符串、数字、货币、日期、持续时间、布尔、列表等。
- 语言：设置用于正确显示日期和时间的语言，该语言与日期和字符串数据类型相关联。
- 格式：设置值的显示方式，该项的设置方法与"类型"和"日历"两项设置相关。如果将"类型"设置为字符串、数字、货币、日期或持续时间，则可以单击"格式"文本框右侧的箭头，然后从弹出的菜单中选择所需的格式。如果将"格式"设置为列表类型，则需要在"格式"文本框中手动输入以分号分隔的多个值。
- 日历：设置所选语言的日历类型，不同类型的日历会影响"格式"选项的设置。
- 值：设置属性的值。

　　设置在"形状数据"窗格中选择的属性或将鼠标指针悬停在"形状数据"窗格中的数据标签上显示的提示信息。

- 排序关键字：设置在"形状数据"窗格中各个属性的显示顺序。
- 放置时询问：如果勾选该复选框，则当用户创建形状的实例或复制并粘贴形状时，将自动打开为形状输入数据的对话框。
- 隐藏：设置在"形状数据"窗格中是否显示当前正在设置的属性。

　　如图 6-3 所示，在"定义形状数据"对话框中为"人"形状创建了"姓名"和"年龄"两个属性。如需连续创建多个属性，可以在设置好一个属性的相关数据后，单击"定义形状数据"对话框中的"新建"按钮，继续创建下一个属性。

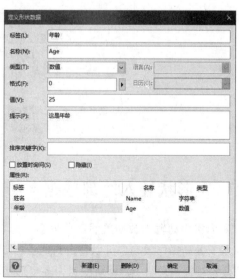

图 6-3　为形状创建两个属性

创建好的属性依次显示在"定义形状数据"对话框下方的"属性"列表框中。创建完成后，单击"确定"按钮，关闭"定义形状数据"对话框。

### 6.1.2 查看形状数据

使用 6.1.1 小节中的方法为形状添加好数据后，可以使用"形状数据"窗格查看形状中的数据。打开"形状数据"窗格有以下几种方法：

- 在功能区的"数据"选项卡中勾选"形状数据窗口"复选框，如图 6-4 所示。
- 在功能区的"视图"选项卡中单击"任务窗格"按钮，然后在弹出的菜单中选择"形状数据"命令，如图 6-5 所示。
- 在绘图页中右击形状，然后在弹出的菜单中选择"数据"|"形状数据"命令，请参考图 6-1。

图 6-4 勾选"形状数据窗口"复选框　　　　图 6-5 选择"形状数据"命令

无论使用哪种方法，都将打开"形状数据"窗格，其中显示当前选中形状的所有属性及其值，如图 6-6 所示。

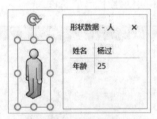

图 6-6 在"形状数据"窗格中显示形状中的数据

## 6.2 为形状导入外部数据

为形状手动输入数据虽然简单灵活，但是效率较低，需要为形状添加大量数据时更是如此。为了提高操作效率，可以将由其他程序创建的文件中的数据导入到 Visio 中，然后将导入后的数据链接到形状上，即可快速为多个形状添加数据。

## 6.2.1　导入外部数据

在 Visio 中可以导入多种文件类型中的数据，包括 Excel 工作簿、Access 数据库、SQL Server 数据库、存储在适用于 ODBC 的数据库中的数据，以及通过 Microsoft OLEDB API 存取的数据源。

在功能区的"数据"选项卡中包含两个用于导入外部数据的命令："快速导入"和"自定义导入"，如图 6-7 所示。如需经常在 Visio 中导入 Excel 数据，使用"快速导入"命令会很方便。如需导入其他类型的数据，可以使用"自定义导入"命令，该命令也支持导入 Excel 数据。可以将"快速导入"命令看作"自定义导入"命令的简化版，因为在使用"自定义导入"命令导入数据的过程中，如果选择导入 Excel 数据，则操作步骤与使用"快速导入"命令相同。

**图 6-7　用于导入外部数据的两个命令**

下面以导入 Excel 工作簿中的数据为例，介绍使用"自定义导入"命令导入数据的方法，操作步骤如下：

（1）在 Visio 中打开需要导入数据的绘图文件，然后在功能区的"数据"选项卡中单击"自定义导入"按钮。

（2）打开"数据选取器"对话框，点选"Microsoft Excel 工作簿"单选按钮，然后单击"下一步"按钮，如图 6-8 所示。

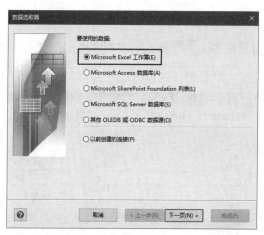

**图 6-8　点选"Microsoft Excel 工作簿"单选按钮**

（3）进入如图 6-9 所示的界面，单击"浏览"按钮。

（4）在打开的对话框中双击需要导入的 Excel 工作簿，将自动返回到第（2）步的界面，Excel 工作簿的完整路径被自动添加到文本框中，然后单击"下一步"按钮，如图 6-10 所示。

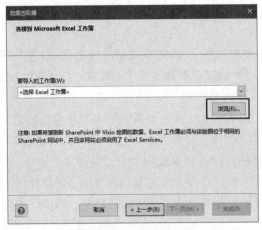

图 6-9　单击"浏览"按钮

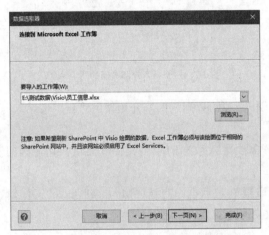

图 6-10　自动添加所选 Excel 工作簿的路径信息

（5）进入如图 6-11 所示的界面，选择数据位于哪个工作表。如果 Excel 数据区域中的第一行是标题行，则勾选"首行数据包含有列标题"复选框，设置完成后单击"下一步"按钮。

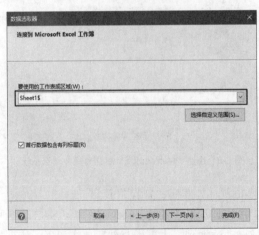

图 6-11　选择数据位于哪个工作表

（6）进入如图 6-12 所示的界面，默认导入工作表中的所有数据。如果只想导入特定行或列中的数据，则可以单击"选择列"或"选择行"按钮，然后选择需要导入哪些列和行。此处保持默认设置不变，即导入工作表中的所有数据，单击"下一步"按钮。

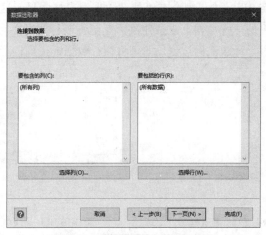

图 6-12  选择需要导入的数据范围

（7）进入如图 6-13 所示的界面，此处需要选择可以唯一识别每一行数据的列，例如姓名所在的列。如果不存在这样的列，则需要点选"我的数据中的行没有唯一标识符，使用行的顺序来标识更改"单选按钮，设置完成后单击"下一步"按钮。

（8）在进入的下一个界面中单击"完成"按钮，关闭"数据选取器"对话框，将自动打开"外部数据"窗格，其中显示成功导入到 Visio 中的数据，如图 6-14 所示。

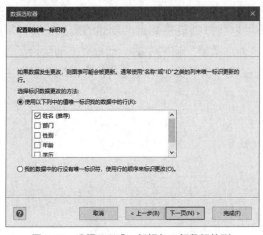

图 6-13  选择可以唯一标识每一行数据的列  　图 6-14  在"外部数据"窗格中显示导入的数据

## 6.2.2  将数据链接到形状

将外部数据成功导入 Visio 后，接下来需要将这些数据链接到形状，才能完成为形状添加数据的工作。将数据链接到形状有以下 3 种方法。

**1. 将一行数据链接到一个现有的形状**

将数据链接到形状上的操作需要使用"外部数据"窗格，如需打开该窗格，可以在功能区的"数据"选项卡中勾选"外部数据窗口"复选框，如图 6-15 所示。

如果已将数据导入到 Visio 中，则会在"外部数据"窗格中显示这些数据。将鼠标指针移动到"外部数据"窗格中的一行数据上，按住鼠标左键将该行数据拖动到一个形状上，当鼠标指针附近显示链接标记时，释放鼠标按键，即可将该行数据链接到该形状，如图 6-16 所示。

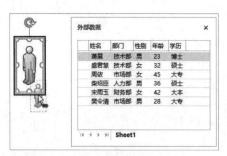

图 6-15 勾选"外部数据窗口"复选框　　　　图 6-16 将一行数据拖动到形状上

**提示**

也可以在"外部数据"窗格中右击需要链接的数据行，然后在弹出的菜单中选择"链接到所选的形状"命令，将该行数据链接到选中的形状。

链接数据后的形状如图 6-17 所示，"外部数据"窗格中已链接到形状的数据行的开头将显示链接标记。

**2. 将数据链接到自动创建的形状**

除了将数据链接到现有的形状之外，还可以将数据链接到自动创建的形状。首先需要在"形状"窗格中选择一个主控形状，然后将"外部数据"窗格中的一行数据拖动到绘图页中的空白处，Visio 将在绘图页中添加一个选中的主控形状的实例，并将该行数据链接到该主控形状的实例，如图 6-18 所示。

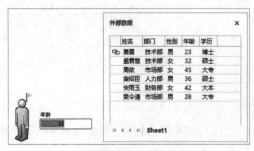

图 6-17 链接数据后的形状和数据行　　　　图 6-18 拖动数据时自动创建形状并建立链接

**3. 自动将数据链接到现有的形状**

除了前面介绍的两种方法之外，Visio 还可以将数据自动链接到现有的一个或多个形状。使该功能正确工作的前提是，形状的属性必须与数据相匹配，否则 Visio 无法确定将数据链接到哪些形状。

　　如果形状包含多个属性，则只需有一个可以唯一标识数据行的属性与导入的数据中的一列相匹配即可。如果形状只有一个属性，而导入的数据包含多个列，只要形状的该属性与导入的数据行的其中一列的列标题相匹配，并能唯一标识数据行，则在将数据成功链接到形状后，数据中的其他列标题及其数据也会自动添加到形状中。

　　自动将数据链接到形状的操作步骤如下：

　　（1）如需将数据链接到绘图页中的所有形状，在操作前无须选择任何形状，否则需要选择要链接的一个或多个形状。

　　（2）打开"外部数据"窗格，然后在功能区的"数据"选项卡中单击"链接数据"按钮，如图 6-19 所示。

　　（3）打开如图 6-20 所示的"自动链接"对话框，由于在打开该对话框之前没有选择任何形状，所以自动点选"此页上的所有形状"单选按钮，然后单击"下一步"按钮。

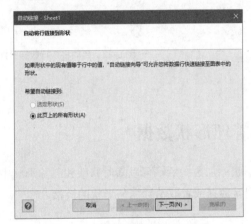

图 6-19　单击"链接数据"按钮　　　　　　图 6-20　选择需要链接的形状范围

　　（4）进入如图 6-21 所示的界面，"数据列"下拉列表中的选项对应于"外部数据"窗格中的各个列标题，"形状字段"下拉列表中的选项对应于绘图页中的形状所包含的各个属性的名称，用户需要在两个下拉列表中选择内容相匹配的字段，此处使用"姓名"字段为数据和形状建立关联。设置完成后单击"下一步"按钮。

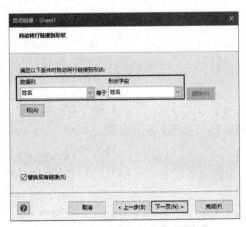

图 6-21　为数据和形状选择匹配字段

**提示**

如果形状上已经存在链接数据，则勾选"替换现有链接"复选框将使用新数据替换原有数据。

（5）在下一个界面中将显示前几步设置的汇总信息，确认无误后，单击"完成"按钮，即可根据匹配的字段将数据链接到对应的形状，如图 6-22 所示。

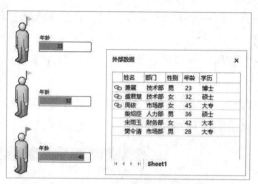

图 6-22　自动将 3 行数据分别链接到 3 个形状

## 6.3　管理形状数据

为形状添加数据后，可以随时修改和删除形状中的数据。如果数据来自于外部程序，那么还可以刷新数据或者取消数据与形状的链接。

### 6.3.1　修改形状数据

修改形状数据包括对属性和属性值两个方面的修改。如需修改形状的属性值，可以打开"形状数据"窗格，然后在绘图页中选择一个包含数据的形状，在窗格中会显示该形状中各个属性的值，根据需要为属性设置新的值，如图 6-23 所示。

图 6-23　修改形状属性的值

如需修改形状的属性，可以打开"定义形状数据"对话框，在下方的"属性"列表框中选择一个需要修改的属性，然后在上方修改各个选项。

### 6.3.2　刷新形状数据

如果形状中的数据来自外部程序，当在外部程序中修改该数据时，在 Visio 中对数据执行刷新操作，可将数据的最新修改结果反映到 Visio 中。刷新数据分为手动刷新和定时自动刷新两种。

### 1. 手动刷新

手动刷新数据有以下两种方法：

- 在功能区的"数据"选项卡中单击"全部刷新"按钮上的下拉按钮，然后在弹出的菜单中选择"全部刷新"命令或"刷新数据"命令，如图 6-24 所示。
- 在"外部数据"窗格中右击任意数据行，然后在弹出的菜单中选择"刷新数据"命令，如图 6-25 所示。

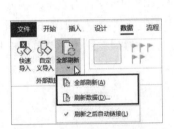

图 6-24　选择"全部刷新"或"刷新数据"命令

图 6-25　选择"刷新数据"命令

无论使用哪种方法，都会打开"刷新数据"对话框并完成刷新操作，如图 6-26 所示。如果有多个数据源，则可以在该对话框中选择需要刷新的数据源，然后单击"刷新"按钮进行刷新。

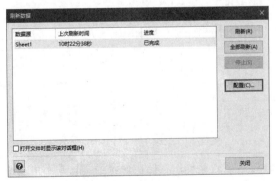

图 6-26　"刷新数据"对话框

### 2. 定时自动刷新

如需定时自动刷新数据，可以单击图 6-26 中的"配置"按钮，或者在"外部数据"窗格中右击任意数据行，在弹出的菜单中选择"配置刷新"命令，打开"配置刷新"对话框，勾选"刷新间隔"复选框，然后在右侧的文本框中输入表示分钟的数字，如图 6-27 所示。

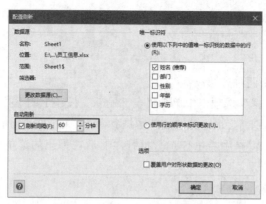

图 6-27　设置自动刷新的时间间隔

### 6.3.3　取消数据与形状的链接

如果不想在形状上链接外部数据，则可以取消数据与形状的链接，有以下两种方法：

● 右击形状，在弹出的菜单中选择"数据"|"取消行链接"命令，如图 6-28 所示。

● 在"外部数据"窗格中右击带有链接标记的数据行，然后在弹出的菜单中选择"取消链接"命令，请参考图 6-25。

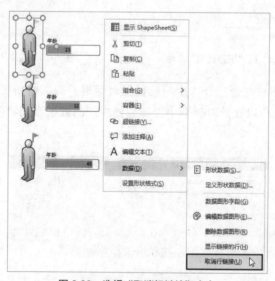

图 6-28　选择"取消行链接"命令

取消数据与形状的链接后，数据仍然存储在形状中，只是不再与原始数据有任何关联，刷新数据不会反映数据的最新修改结果。

### 6.3.4　删除形状数据

当不再需要形状包含数据时，可以随时将形状中的数据删除。如需删除形状的属性值，可以在"形状数据"窗格中单击属性所在的文本框，然后按 Delete 键。如需删除形状的属性，可以在"定义形状数据"对话框下方的"属性"列表框中选择属性，然后单击"删除"按钮。

如需将导入的外部数据从 Visio 绘图文件中彻底删除，可以在"外部数据"窗格中单击任意数据行，然后按 Ctrl+A 组合键选中所有数据，再右击任意数据，在弹出的菜单中选择"数据源"|"删除"命令，如图 6-29 所示。打开如图 6-30 所示的对话框，单击"是"按钮，即可将导入的数据从绘图文件中删除，并彻底断开与数据源的连接。

图 6-29　删除导入的数据

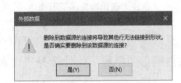

图 6-30　彻底断开与数据源的连接

# 6.4　使用数据图形显示形状数据

将导入的外部数据链接到形状后，Visio 默认会在形状附近以文本或图形化的方式显示与形状链接的数据，将这种显示形状数据的方式称为"数据图形"。数据图形将文字和图形元素（例如图标和数据栏）结合在一起，以图文并茂的方式显示数据，使图表的含义更直观，具有更好的视觉效果。用户可以为形状数据创建和编辑数据图形。

## 6.4.1　创建数据图形

Visio 中的数据图形包括文本标签、数据栏、图标和填充色等多种类型。下面将介绍这几种数据图形的创建方法，使用的示例数据仍然是本章前面使用过的数据，数据包含以下几个字段："姓名""部门""性别""年龄"和"学历"。

创建数据图形前，可以选择绘图页中的形状，这样会自动将创建好的数据图形应用到选中的形状。如果未选择形状，则可以在创建数据图形后手动为形状应用数据图形。

### 1. 使用文本标签显示形状数据

文本标签是数据图形中最简单、含义最清晰的显示方式，创建文本标签类型的数据图形的操作步骤如下：

（1）在功能区的"数据"选项卡中单击"高级数据图形"按钮，然后在打开的列表中选择"新建数据图形"命令，如图 6-31 所示。

（2）打开"新建数据图形"对话框，单击"新建项目"按钮，如图 6-32 所示。

图 6-31 选择"新建数据图形"命令

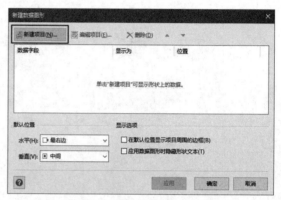

图 6-32 单击"新建项目"按钮

（3）打开"新项目"对话框，单击"数据字段"右侧的下拉按钮，在打开的列表中选择需要创建数据图形的字段，此处选择"姓名"，如图 6-33 所示。

图 6-33 选择需要创建数据图形的字段

（4）单击"显示为"右侧的下拉按钮，在打开的列表中选择数据图形的类型，此处选择"文本"，如图 6-34 所示。

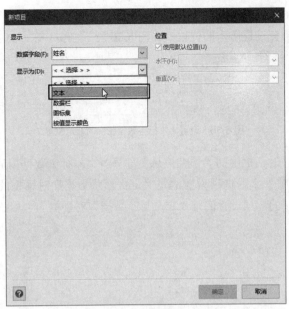

图 6-34　选择数据图形的类型

（5）在"新项目"对话框中将显示文本标签类型的数据图形的相关选项，在"样式"下拉
列表中选择文本标签数据图形的外观，如图 6-35 所示。即使此处设置该项，以后也可以在功
能区中进行设置。

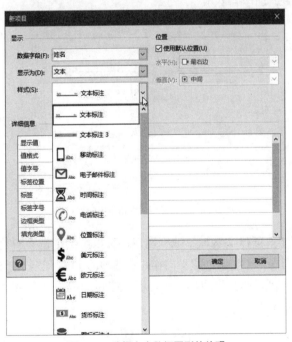

图 6-35　选择文本数据图形的外观

（6）在对话框右侧的"位置"部分设置文本标签数据图形的显示位置。如果勾选"使用
默认位置"复选框，则文本标签数据图形的位置由"新建数据图形"对话框中的"默认位置"

选项决定（请参考图 6-32）。如果不想使用默认位置，则可以取消勾选"使用默认位置"复选框，然后在"位置"部分设置所需的位置，如图 6-36 所示。

图 6-36　设置文本标签数据图形的显示位置

（7）在"新项目"对话框中的"详细信息"部分对文本标签数据图形进行具体的设置，如图 6-37 所示。带有"值"字的选项设置的是"定义形状数据"对话框的"值"文本框中的数据，带有"标签"二字的选项设置的是"定义形状数据"对话框的"标签"文本框中的数据。

图 6-37　设置文本标签数据图形的相关选项

（8）设置完成后，单击"确定"按钮，返回"新建数据图形"对话框，其中显示了创建完成的文本标签数据图形，如图 6-38 所示。

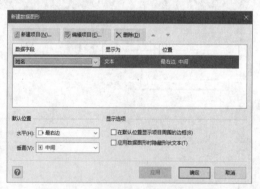

图 6-38　创建完成的文本标签数据图形

（9）如需为其他字段创建文本标签数据图形，可以继续单击"新建项目"按钮后进行设置。实际上，也可以为同一个字段创建不同样式和选项的文本标签数据图形。创建完成后，单击"确定"按钮，关闭"新建数据图形"对话框。图 6-39 是文本标签类型的数据图形的显示效果。

图 6-39　文本标签类型的数据图形

**2. 使用数据栏显示形状数据**

数据栏可以根据数值的大小，以缩略图表和图形的方式动态显示数据。创建数据栏类型的数据图形的前几步操作与文本标签类似，主要区别是在"新项目"对话框的"显示为"下拉列表中需要选择"数据栏"，请参考图 6-34。然后对数据栏的相关选项进行设置，大多数选项与文本标签类似，只有个别选项是数据栏特有的，例如"最小值"和"最大值"，如图 6-40所示。

图 6-40　设置数据栏的相关选项

图 6-41 是数据栏类型的数据图形的显示效果。

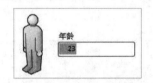

图 6-41　数据栏类型的数据图形

**3. 使用图标显示形状数据**

使用图标可以表示数据的某种状态或标示数值的范围。例如，在学生成绩统计数据中，可以使用蓝色图标表示"优秀"的成绩，使用绿色图标表示"及格"的成绩，使用红色图标表示"不及格"的成绩。

创建图标类型的数据图形的前几步操作与文本标签类似，主要区别是在"新项目"对话框的"显示为"下拉列表中需要选择"图标集"，请参考图 6-34，然后对图标集的相关选项进行设置。例如，如需为"性别"字段设置图标类型的数据图形，由于性别只有"男"和"女"，所以可以选择一种只有两个图标的样式，如图 6-42 所示。然后为每一个图标设置运算符号和值，当"性别"属性的值等于此处设置的其中一个值时，将在形状上显示相应的图标，如图6-43 所示。

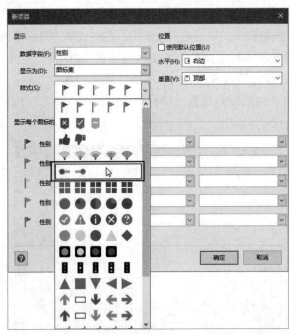

图 6-42　设置图标的相关选项

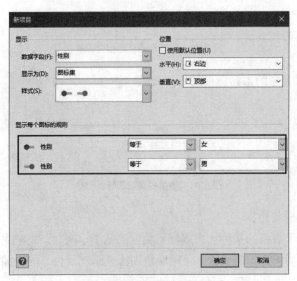

图 6-43　设置图标的显示规则

　　图 6-44 是图标类型的数据图形的显示效果，图标显示在形状的右上方，左侧的形状是一个男性，右侧的形状是一个女性，它们显示为不同外观的图标。

图 6-44　图标类型的数据图形

#### 4. 使用填充色显示形状数据

填充色类型的数据图形与图标类似，也可表示数据的特定状态或数值的范围，但是它是以不同的填充色来表示，而非图标。创建填充色类型的数据图形的前几步操作与文本标签类似，主要区别是在"新项目"对话框的"显示为"下拉列表中需要选择"按值显示颜色"，请参考图 6-34。然后对填充色的相关选项进行设置。

如果当前设置的字段是一个文本，则在"着色方法"下拉列表中只有一个选项"每种颜色代表一个唯一值"。例如，当前设置的是"部门"字段，每一种颜色代表一个特定的部门，在"颜色分配"列表框中为每一个部门选择一种颜色，如图 6-45 所示。

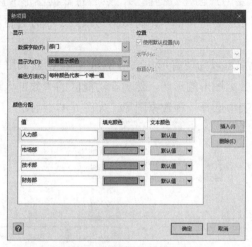

图 6-45　设置填充色的相关选项

如果当前设置的字段是一个数值，则在"着色方法"下拉列表中会出现两个选项："每种颜色代表一个唯一值"和"每种颜色代表一个范围值"。使用"每种颜色代表一个范围值"选项可以为字段的值指定一个范围。

例如，当前设置的是"年龄"字段，如果在"着色方法"下拉列表中选择"每种颜色代表一个范围值"，则可以为年龄划分年龄段，并为每一个年龄段设置一种颜色，如图 6-46 所示。

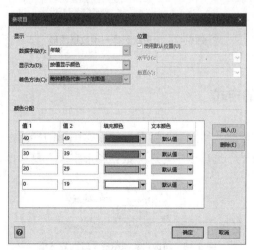

图 6-46　使用颜色表示值的范围

> **注 意**
>
> 如需为一个形状同时设置多种类型的数据图形，则可以在"新建数据图形"对话框打开期间，一次性设置好所需的所有类型的数据图形。

### 6.4.2 为形状应用数据图形

如果形状中的数据是由用户手动输入的，则在输入好数据后，Visio 不会自动为形状创建并显示数据图形，此时需要用户创建数据图形，然后将数据图形应用给形状。如果形状中的数据是通过导入外部数据后进行链接的，则将数据链接到形状时会自动为形状创建并显示数据图形。

无论哪种情况，用户都可以为现有形状应用 Visio 自动创建或用户手动创建的数据图形。在绘图页中选择需要显示数据图形的形状，然后在功能区的"数据"选项卡中单击"高级数据图形"按钮，在打开的列表中选择一种数据图形，如图 6-47 所示。

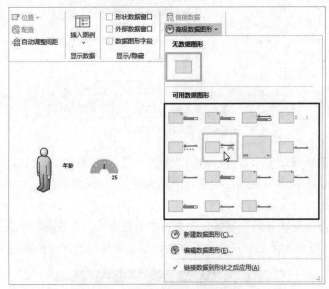

图 6-47  为形状选择一种数据图形

### 6.4.3 更改数据图形的样式

在为形状应用数据图形时，用户可以随时更改数据图形的样式，操作步骤如下：

（1）在功能区的"数据"选项卡中勾选"数据图形字段"复选框，如图 6-48 所示。

图 6-48  勾选"数据图形字段"复选框

（2）打开"数据图形字段"窗格，其中显示了链接到形状的各个字段的标题，显示复选标记的字段表示当前正以数据图形的方式显示在形状上。如果在当前绘图页中没有选择任何形状，则在"数据图形字段"窗格中选择一个显示复选标记的字段，当前绘图页中所有与该字段对应的数据图形都会被选中，如图 6-49 所示。

选中各个形状上的特定字段对应的数据图形后，可以在功能区的"数据"选项卡中单击"其他"按钮，在打开的列表中选择数据图形的样式，如图 6-50 所示。

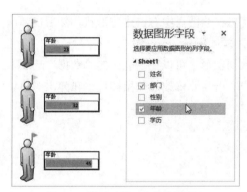

图 6-49　快速选择对应的数据图形

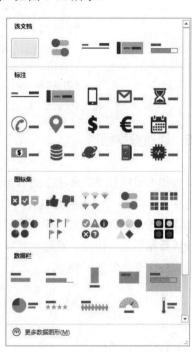

图 6-50　更改数据图形的样式

### 6.4.4　为数据图形添加图例

如果在形状上显示的数据图形不包含文本，则数据图形的含义可能不太易于理解，此时可以为数据图形添加图例。选择需要添加图例的绘图页，然后在功能区的"数据"选项卡中单击"插入图例"按钮，在弹出的菜单中选择图例的排列方式，如图 6-51 所示。在绘图页中添加的图例将自动显示该绘图页中使用的数据栏、图标和填充色，如图 6-52 所示。

图 6-51　选择图例的排列方式

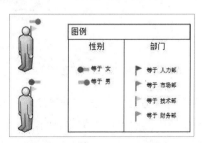

图 6-52　在绘图页中添加图例

图例就像几个组合在一起的形状，每一种类型的数据图形对应的图例都是一个独立的个体，可以使用鼠标拖动各个图例，以便重新排列它们，也可以单独删除某个图例。图 6-53 是选中"部门"图例以及将其删除后的效果。

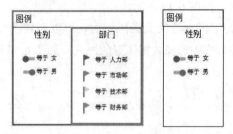

图 6-53　选中"部门"图例以及将其删除后的效果

### 6.4.5　修改数据图形

如需修改已经应用到形状上的数据图形，可以在绘图页中右击这些形状，然后在弹出的菜单中选择"数据"|"编辑数据图形"命令，如图 6-54 所示。

如需修改已创建好但还未应用到形状上的数据图形，可以在功能区的"数据"选项卡中单击"高级数据图形"按钮，然后在打开的列表中右击需要修改的数据图形，在弹出的菜单中选择"编辑"命令，如图 6-55 所示。

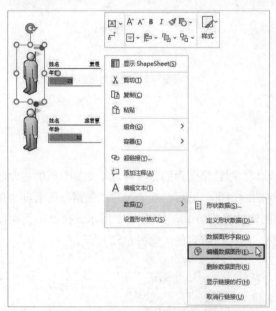

图 6-54　选择"编辑数据图形"命令

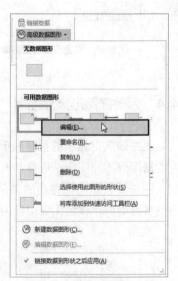

图 6-55　选择"编辑"命令

无论使用哪种方法，都会打开"编辑数据图形"对话框，如图 6-56 所示。在列表框中选择一个数据图形，然后单击"编辑项目"按钮，可以在打开的对话框中修改数据图形的各个选项。如需删除数据图形，可以在列表框中选择数据图形后单击"删除"按钮。

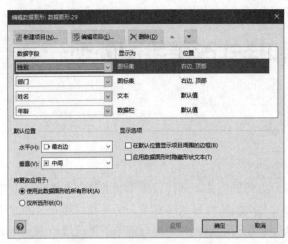

图 6-56　"编辑数据图形"对话框

## 6.4.6　删除形状上的数据图形

删除显示在形状上的数据图形有以下两种方法：

- 选择形状，在功能区的"数据"选项卡中单击"高级数据图形"按钮，然后在打开的列表中选择"无数据图形"选项，如图 6-57 所示。
- 右击形状，在弹出的菜单中选择"数据"|"删除数据图形"命令，请参考图 6-54。

图 6-57　选择"无数据图形"选项

# 第7章
# 使用主题和样式改善绘图外观

虽然可以使用第 4 章介绍的方法，通过设置形状的边框和填充来改变形状的外观，但是如需使不同绘图页或绘图文件中的所有形状拥有统一的外观，更有效的方法是使用主题。通过选择不同的主题，可以快速将统一的颜色和效果应用给绘图页或绘图文件中的所有形状，切换不同的主题即可快速改变所有形状的外观。此外，还可以使用样式快速为形状设置一系列格式。本章将介绍在 Visio 中使用主题和样式设置绘图格式的方法。

## 7.1 应用 Visio 内置主题

Visio 内置了很多主题，用户可以使用这些主题设置绘图的外观。设置的主题以绘图页为最小单位，既可以将主题设置给某个绘图页，也可以设置给绘图文件中的所有绘图页。无论哪种情况，主题中的格式都会作用于绘图页中的所有形状。

- 将主题设置给某个绘图页：选择需要设置主题的绘图页，然后在功能区的"设计"选项卡中单击"主题"组右侧的"其他"按钮 ，在打开的列表中右击需要设置的主题，然后在弹出的菜单中选择"应用于当前页"命令，如图 7-1 所示。
- 将主题设置给所有绘图页：选择任意一个绘图页，然后与上一种方法类似，在主题列表中右击需要设置的主题，在弹出的菜单中选择"应用于所有页"命令。

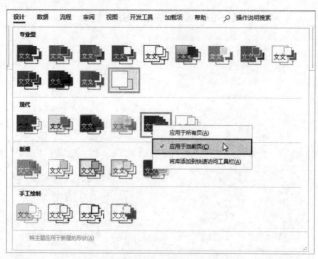

图 7-1 选择"应用于当前页"命令

如需删除为所有形状设置的主题，可以在主题列表中选择"无主题"选项。

## 7.2　创建和编辑自定义主题

Visio 中的主题由颜色和效果两部分组成，主题颜色由字体颜色、形状填充色的一系列颜色组成，主题效果由有关字体、填充、阴影、线条和连接线等的一系列效果组成。如果 Visio 内置的主题不能满足使用需求，那么用户可以创建新的主题。由于从 Visio 2013 开始取消了新建主题效果的功能，所以在 Visio 2013 及 Visio 更高版本中只能创建主题颜色。

### 7.2.1　创建自定义主题

创建主题颜色前，可以先将一个与即将创建的配色接近的主题颜色设置给绘图页，这样可以减少后续创建过程中的一些步骤，然后就可以开始创建主题颜色了。在功能区的"设计"选项卡中单击"变体"组中的"其他"按钮▽，在打开的列表中选择"颜色"|"新建主题颜色"命令，如图 7-2 所示。

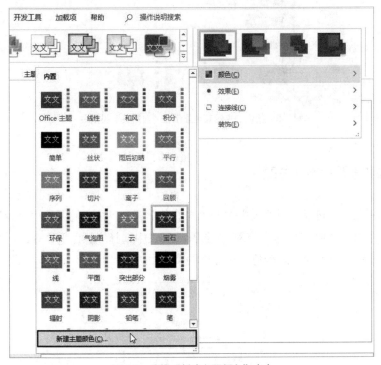

图 7-2　选择"新建主题颜色"命令

打开如图 7-3 所示的"新建主题颜色"对话框，在"名称"文本框中输入主题颜色的名称，然后在"主题颜色"部分设置各个颜色。每个按钮上显示的是当前设置的颜色，单击某一按钮可在打开的列表中选择所需的颜色，如图 7-4 所示。

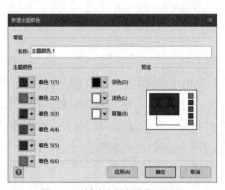

图 7-3 "新建主题颜色"对话框

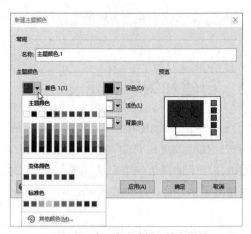

图 7-4 在列表中选择所需的颜色

设置完成后，单击"确定"按钮，新建的主题颜色将显示在"颜色"列表的"自定义"类别中，如图 7-5 所示。

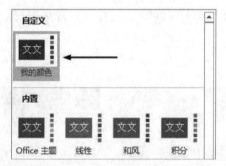

图 7-5 新建的主题颜色显示在"自定义"类别中

## 7.2.2 编辑和删除自定义主题

创建主题颜色后，可以随时修改主题颜色中的各个颜色。在功能区的"设计"选项卡中单击"变体"组中的"其他"按钮 ⟋，然后在打开的列表中选择"颜色"命令，再在打开的主题颜色列表中右击需要修改的主题颜色，在弹出的菜单中选择"编辑"命令，如图 7-6 所示。

图 7-6 选择"编辑"命令

在打开的"编辑主题颜色"对话框中进行所需的修改，然后单击"确定"按钮。如需删除用户创建的主题颜色，可以在如图 7-6 所示的菜单中选择"删除"命令，如果当前正在使用该主题颜色，则将显示提示信息，需要单击"是"按钮，才能删除主题颜色。

## 7.3　复制主题

如需修改内置主题，只能先复制内置主题，然后修改复制后的内置主题副本。如需在多个绘图文件中使用由用户创建的同一个主题，需要将主题复制到其他绘图文件中。

### 7.3.1　复制内置主题

由于用户无法直接修改内置主题，所以只能先复制内置主题，再对复制后的内置主题副本进行修改，此处的主题指的也是主题颜色。打开主题颜色列表，右击需要复制的主题颜色，在弹出的菜单中选择"复制"命令，如图 7-7 所示。

图 7-7　选择"复制"命令

复制后的内置主题颜色副本显示在主题颜色列表的"自定义"类别中。与修改用户创建的主题颜色类似，右击内置主题颜色副本并选择"编辑"命令，即可修改内置主题颜色。

### 7.3.2　将主题复制到其他绘图文件

如需在多个绘图文件中使用用户创建的主题颜色，可以执行以下操作：

（1）打开包含用户创建的主题颜色的绘图文件，在绘图页中选择一个已设置了该主题颜色的形状，然后按 Ctrl+C 组合键。

（2）打开需要使用用户创建的主题颜色的绘图文件，在任意一个绘图页中按 Ctrl+V 组合键，将第（1）步复制的形状粘贴到该绘图文件中。

（3）在主题颜色列表的"自定义"类别中将显示复制的形状上设置的主题颜色，说明已将用户创建的主题颜色复制到当前绘图文件中。

（4）选择第（2）步复制到绘图页中的形状，按 Delete 键将其删除即可。

## 7.4　编辑形状上的主题

虽然主题作用于单个或所有绘图页中的所有形状，但是设置主题后，用户可以控制主题对特定形状产生影响的方式。

### 7.4.1　禁止对绘图页中的形状设置主题

默认情况下，设置的主题会自动作用于绘图页中的所有形状，但是有时可能希望某些形状仍然保持原有格式，而不受主题影响。为此，可以在绘图页中选择不希望受主题影响的形状，然后在功能区的"开始"选项卡中单击"快速样式"按钮，在打开的列表中取消"允许主题"选项的选中状态，如图 7-8 所示。以后设置主题时，就不会对该形状产生影响。

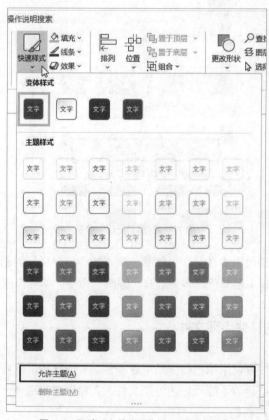

图 7-8　取消"允许主题"选项的选中状态

## 7.4.2　禁止对新建的形状设置主题

设置主题后，在"形状"窗格打开的所有模具中的主控形状的外观都会随之改变，如图 7-9 所示。将模具中的主控形状拖动到绘图页中，主控形状的实例也具有主题中的格式。

**图 7-9　设置主题将改变主控形状的外观**

如果不想在设置主题后，新建的形状也具有主题中的格式，则可以在主题列表中取消"将主题应用于新建的形状"选项的选中状态，如图 7-10 所示。

**图 7-10　取消"将主题应用于新建的形状"选项的选中状态**

### 7.4.3 删除形状上的主题

如需删除特定形状上的主题格式，可以先选择该形状，然后在功能区的"开始"选项卡中单击"快速样式"按钮，在打开的列表中选择"删除主题"命令，请参考图 7-8。

# 7.5 使用样式

Visio 中的样式是将多种基础格式组合在一起形成一个独立的个体，使用样式可以一次性为形状设置文本、线条、填充等一系列格式，其功能类似于 Word 中的样式。

### 7.5.1 创建样式

Visio 包含以下几个内置样式。
- 无样式：该样式使用一些基本的格式，文本是水平居中对齐和垂直居中对齐，线条是黑色实线，填充是白色无阴影。
- 纯文本：该样式包含的格式与"无"样式类似，但是文本不是居中对齐，而是位于形状的左上角，即水平方向是左对齐，垂直方向是顶端对齐。
- 无：该样式只包含基本的文本格式，删除了线条格式和填充格式。
- 正常：该样式包含的格式与"无样式"相同。
- 参考线：该样式只包含文本格式和线条格式，不包含填充格式。
- 主题：该样式包含的格式与当前正在使用的主题格式相同。

用户可以直接使用 Visio 内置样式，也可以创建新的样式，创建样式的操作步骤如下：

（1）在功能区的"开发工具"选项卡中勾选"绘图资源管理器"复选框，如图 7-11 所示。

图 7-11　勾选"绘图资源管理器"复选框

（2）打开"绘图资源管理器"窗格，右击其中的"样式"，在弹出的菜单中选择"定义样式"命令，如图 7-12 所示。

（3）打开如图 7-13 所示的"定义样式"对话框，在"名称"文本框中输入样式的名称，在"基于"下拉列表中选择一种现有样式，该样式与将要创建的样式具有相似的格式，这样可以节省设置相同格式的时间。

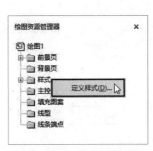

图 7-12　选择"定义样式"命令

图 7-13　"定义样式"对话框

（4）完成第（3）步设置后，接下来主要设置以下两项：

- 在"包含"部分有 3 个复选框，该部分设置在样式中包含哪几类格式。例如，如果只勾选"文本"复选框，即使在样式中设置了线条格式和填充格式，那么这两种格式也不会对形状产生任何影响。
- 在"更改"部分包含"文本"和"形状"两个按钮，单击它们可以分别设置形状中的文本格式和形状的边框与填充。

（5）设置完成后，单击"确定"按钮，新建的样式将显示在"绘图资源管理器"窗格的"样式"类别中，如图 7-14 所示。

以后如需修改或删除用户创建的样式，可以在"绘图资源管理器"窗格中右击该样式，然后在弹出的菜单中选择"定义样式"命令或"删除样式"命令，如图 7-15 所示。

图 7-14　创建的样式显示在"样式"类别中

图 7-15　修改或删除样式

## 7.5.2　使用样式为形状设置格式

无论是 Visio 内置的样式还是用户创建的样式，使用它们都可以为形状设置格式。首先需要将样式的相关命令添加到快速访问工具栏或功能区中，如图 7-16 所示。这里将样式的相关命令添加到快速访问工具栏，如图7-17所示最右侧的两个命令，其中一个命令用于从下拉列表中选择样式，另一个命令用于打开"样式"对话框。

图 7-16　将样式的相关命令添加到快速访问工具栏

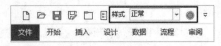

图 7-17　样式的相关命令

在绘图页中选择一个或多个形状，然后在快速访问工具栏中打开"样式"下拉列表，从中选择要为形状设置的样式，用户创建的样式也在其中，如图7-18所示。

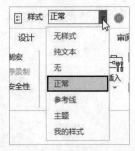

图 7-18　选择内置样式或用户创建的样式

# 第 8 章
# Visio 在实际中的应用

Visio 内置了大量的图表模板，这些模板按照行业或应用方向分为几类，便于用户快速找到所需的模板。使用这些模板可以轻松创建适合不同行业和应用需求的专业图表。由于本书篇幅所限，本章无法详细介绍每一种图表类型的创建方法，但是本章介绍的图表类型尽可能覆盖更广泛的应用范围。本书前几章介绍的形状的大多数操作同样适用于本章介绍的图表，因此，本章不会重复介绍这些技术。本章除了介绍不同类型图表的创建方法之外，还将介绍在 Visio 中整合 AutoCAD 绘图文件的方法。

## 8.1　创建树状图

在 Visio 内置的"常规"模板类别中包含"基本框图""框图"和"具有透视效果的框图"3 种模板，这些模板提供一些基本且常用的形状，使用这些形状可以创建简单、实用的图表，用于展示数据的整体结构和各个元素之间的关系，例如概念、流程、设计、业务组成部分等。本节将介绍使用"框图"模板创建树状图的方法。

### 8.1.1　创建树状图的基本方法

启动 Visio，单击"文件"按钮并选择"新建"命令，在"新建"界面中选择"类别"选项，然后选择"常规"模板类别，如图 8-1 所示，再双击"框图"模板，如图 8-2 所示。

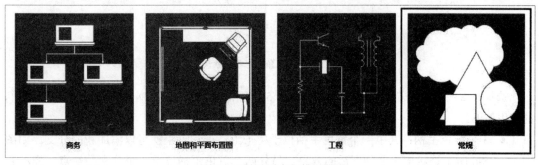

图 8-1　选择"常规"模板类别

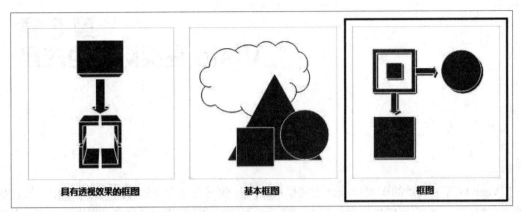

图 8-2　双击"框图"模板

使用"框图"模板创建绘图文件后，在"形状"窗格中会自动打开"方块"和"具有凸起效果的块"两个模具，使用"方块"模具中的"树枝"类形状创建树状图，如图 8-3 所示。

例如，将"方块"模具中的"双树枝直角"形状拖动到绘图页中，然后将 3 个矩形放置到树状连接线的两端，将创建包含两个分支的树状图，如图 8-4 所示。

图 8-3　使用"树枝"类形状创建树状图

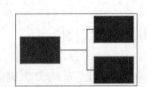

图 8-4　创建包含两个分支的树状图

如需创建包含更多分支的树状图，可以使用"方块"模具中的"多树枝直角"或"多树枝斜角"形状。例如，将"多树枝直角"形状拖动到绘图页中，默认只有两个分支，如图 8-5 所示。

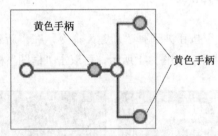

图 8-5　"多树枝直角"形状的默认外观

选择"多树枝直角"形状时，其上会显示 5 个手柄：3 个黄色手柄、两个白色手柄，它们的作用如下。

● 3 个黄色手柄：其中一个黄色手柄位于树干上，拖动该手柄可以添加新的分支。如图 8-6 所示是新增 3 个分支后的效果。另外两个黄色手柄位于两个分支的端点，拖动它们可以调整分支的位置和长度。图 8-7 是调整一个分支的位置和长度后的效果。

● 两个白色手柄：两个白色手柄分别位于树干的顶端和底端，使用它们可以调整树干的长度和角度。

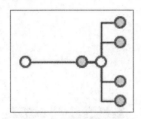

图 8-6　添加新的分支

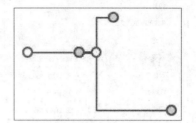

图 8-7　调整分支的位置和长度

提示

如需使新增的分支与原有分支保持相同的长度，可以使用网格进行对齐。

## 8.1.2　案例实战：创建赛事安排树状图

本例以赛事安排树状图为例，介绍创建树状图的方法，本例效果如图 8-8 所示。

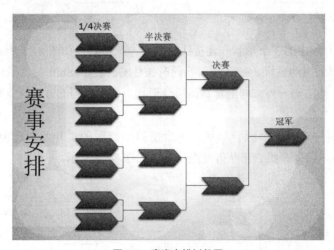

图 8-8　赛事安排树状图

创建赛事安排树状图的操作步骤如下：

（1）新建一个空白绘图文件，将页面方向设置为横向。然后在"形状"窗格打开"基本形状"和"方块"两个模具，它们都位于"常规"模具类别中，如图 8-9 所示。

（2）将"基本形状"模具中的"V 形"形状拖动到绘图页中，并调整形状的大小，如图 8-10 所示。然后选择该形状，拖动形状上方的黄色控制手柄，将形状调整为如图 8-11 所示。

（3）将调整好的 V 形复制两个，然后将"方块"模具中的"双树枝直角"形状拖动到绘图页中，对其执行水平翻转操作。再将 3 个 V 形连接到"双树枝直角"形状的两端，并调整分支的位置和长度，如图 8-12 所示。

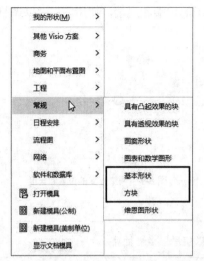

图 8-9　打开"基本形状"和"方块"两个模具

图 8-10　将"V 形"形状添加到绘图页

图 8-11　调整形状的外观

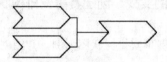

图 8-12　连接形状

（4）将第（3）步中的 3 个形状和连接线组合为一个整体，如图 8-13 所示。选择组合后的形状并在垂直方向上拖动鼠标，拖动时需要同时按住 Ctrl 键和 Shift 键，然后释放鼠标按键，再释放键盘按键，将在同一列方向上复制该组合形状。使用相同的方法再复制两个组合形状，最后得到 4 个组合形状。

（5）在绘图页中选择 4 个组合形状，然后使用功能区的"开始"选项卡中的"位置"|"纵向分布"命令，将 4 个组合形状等间距排列，如图 8-14 所示。

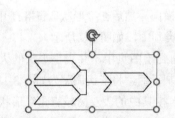

图 8-13　将 3 个形状和连接线组合在一起

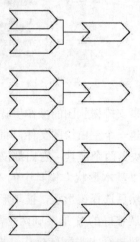

图 8-14　等间距排列 4 个组合形状

（6）选择任意一个组合形状，然后单击其中任意一个 V 形，将选中该 V 形。按住 Ctrl 键时拖动该 V 形，将单独复制该形状。

（7）在绘图页中添加一个"双树枝直角"形状并执行水平翻转，然后将一个组合形状和第（6）步复制好的 V 形分别连接到"双树枝直角"形状的左、右两端，如图 8-15 所示。

（8）使用相同的方法，再复制出两个 V 形，并完成剩下的连接，如图 8-16 所示。

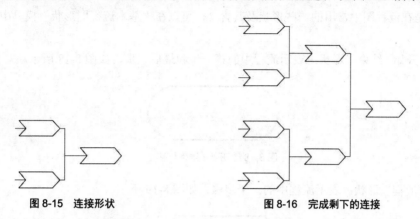

图 8-15　连接形状　　　　　　　　　　图 8-16　完成剩下的连接

（9）在每一列形状的顶部插入一个文本框，然后在其中分别输入"1/4 决赛""半决赛""决赛"和"冠军"等文字，如图 8-17 所示。

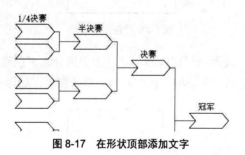

图 8-17　在形状顶部添加文字

---

**技巧**

如需微调形状的位置，可以在选中形状后按住 Shift 键，然后不断按方向键。

---

（10）选择绘图页中的所有形状，将它们整体移动到绘图页中的适当位置。最后为图表添加一个总标题，还可以设置主题和背景，以增强视觉效果。

## 8.2　创建流程图

在 Visio 内置的"流程图"模板类别中包含 9 种模板，既有用于创建常规流程图的"基本流程图"模板，也有用于创建专业化较强的流程图的模板，例如"BPMN 图""IDEFO 图"和"SDL 图"等模板。本节将介绍使用"基本流程图"模板创建常规流程图的方法。

### 8.2.1  了解流程图形状的含义

在流程图中，不同的形状具有不同的含义，每一个形状表示流程中一个特定步骤。人们对流程图中的各类形状进行了被广泛认可的定义，这些都是人为规定的，实际上可以将任何形状理解为不同的含义，只要特定范围内的用户共同认可这种定义即可。

下面是在流程图中常用的一些形状及其含义，可以在"基本流程图形状"模具中找到这些形状。

（1）"开始 / 结束"形状：表示流程中的第一步和最后一步，如图 8-18 所示。

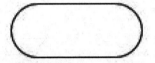

图 8-18  "开始 / 结束"形状

（2）"流程"形状：表示流程中的一个步骤，如图 8-19 所示。

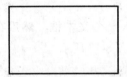

图 8-19  "流程"形状

（3）"子流程"形状：表示一组步骤，将这些步骤组合起来创建一个在其他位置定义的子流程，"其他位置"可以是同一个绘图文件中的另一个绘图页，如图 8-20 所示。

图 8-20  "子流程"形状

（4）"判定"形状：表示在进入下一个步骤之前需要先进行条件判断，根据判断结果执行不同的步骤，通常只有"是"和"否"两种判断结果，如图 8-21 所示。

图 8-21  "判定"形状

（5）"数据"形状：表示信息从外部进入流程或离开流程，有时将其称为"输入 / 输出"形状，该形状还可以表示材料，如图 8-22 所示。

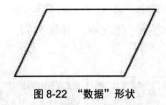

图 8-22 "数据"形状

（6）"文档"形状：表示生成文档的步骤，如图 8-23 所示。

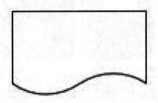

图 8-23 "文档"形状

（7）"页面内引用"形状：表示流程中的下一个步骤或上一个步骤在绘图中的其他位置，通常在大型的流程图中才会使用该形状，如图 8-24 所示。

图 8-24 "页面内引用"形状

（8）"跨页引用"形状：如图 8-25 所示，与"页面内引用"形状的功能类似，不过该形状引用的是另一个绘图页中的内容。将该形状拖入绘图页时会自动打开如图 8-26 所示的对话框，在其中设置两个绘图页之间的链接方式。

图 8-25 "跨页引用"形状

图 8-26 设置绘图页之间的链接方式

## 8.2.2　创建流程图的基本方法

创建常规流程图的方法与第 4 章介绍的在绘图页中添加形状，并使用连接线将形状连接在一起的方法并无本质区别。启动 Visio，单击"文件"按钮并选择"新建"命令，在"新建"界面中选择"类别"选项，然后选择"流程图"模板类别，如图 8-27 所示，再双击"基本流程图"模板，如图 8-28 所示。

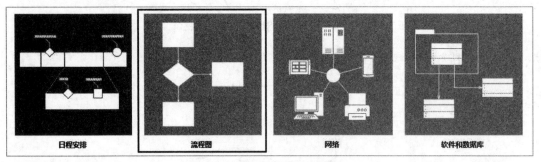

图 8-27　选择"流程图"模板类别

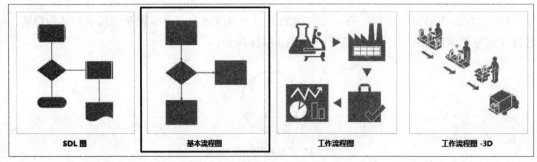

图 8-28　双击"基本流程图"模板

使用"基本流程图"模板创建绘图文件后，在"形状"窗格中会自动打开"基本流程图形状"和"跨职能流程图形状"两个模具，其中的形状用于创建常规流程图，如图 8-29 所示。

图 8-29　"基本流程图形状"和"跨职能流程图形状"两个模具

### 8.2.3　案例实战：创建会员注册流程图

本例以会员注册流程为例，介绍创建常规流程图的方法，本例效果如图 8-30 所示。

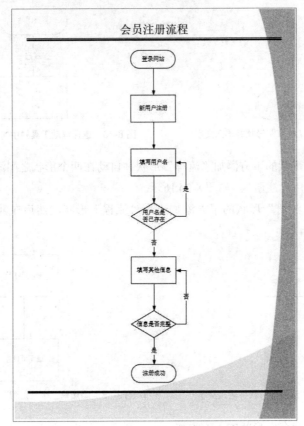

图 8-30　会员注册流程图

创建会员注册流程图的操作步骤如下：

（1）使用"基本流程图"模板创建一个空白绘图文件，然后将页面方向更改为纵向。

（2）在功能区的"设计"选项卡中将主题设置为"无主题"，将模具中所有形状的填充色更改为白色，如图 8-31 所示。

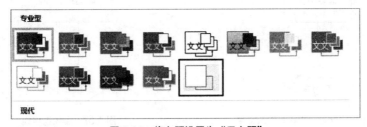

图 8-31　将主题设置为"无主题"

（3）将"基本流程图形状"模具中的"开始 / 结束"形状拖动到绘图页中，然后在形状中输入"登录网站"，如图 8-32 所示。

（4）将鼠标指针移动到已创建的第一个形状上，会自动显示自动连接箭头，将鼠标指针移动到下方的箭头上，然后在自动显示的浮动工具栏中选择"流程"形状，如图 8-33 所示。

图 8-32　添加"开始／结束"形状并输入文字　　　图 8-33　选择浮动工具栏中的"流程"形状

（5）将在第一个形状的下方添加"流程"形状并自动在两个形状之间添加连接线，在"流程"形状中输入"新用户注册"，如图 8-34 所示。

（6）在"新用户注册"形状的下方添加一个"流程"形状，然后在其中输入"填写用户名"，如图 8-35 所示。

图 8-34　添加"流程"形状并输入文字　　　　　图 8-35　添加第二个"流程"形状并输入文字

（7）在"填写用户名"形状的下方添加一个"判定"形状，然后在其中输入"用户名是否已存在"，将插入点定位到"是"字的右侧并按 Enter 键，将文字分为两行，如图 8-36 所示。

（8）将鼠标指针移动到绘图页中的"判定"形状上，当显示自动连接箭头时，将右侧的箭头拖动到上方形状右侧的连接点上，在它们之间添加一条连接线，如图 8-37 所示。

图 8-36　添加"判定"形状并输入文字　　　　　图 8-37　添加连接线

（9）选择第（8）步添加的连接线，然后输入"是"，如图 8-38 所示。

（10）在"用户名是否已存在"形状的下方添加一个"流程"形状，然后在其中输入"填写其他信息"，并为该形状与其上方形状之间的连接线输入"否"，如图 8-39 所示。

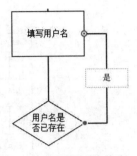

图 8-38　为连接线添加文字

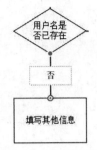

图 8-39　添加"流程"形状并输入文字

（11）在"填写其他信息"形状的下方添加一个"判定"形状，然后在其中输入"信息是否完整"，并在该形状的右侧与上一个形状的右侧之间添加一条连接线，为连接线输入"否"，如图 8-40 所示。

（12）在"信息是否完整"形状的下方添加一个"开始 / 结束"形状，然后在其中输入"注册成功"，并为该形状与上一个形状之间的连接线输入"是"，如图 8-41 所示。

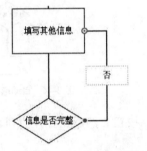

图 8-40　添加形状、输入文字并完成连接

图 8-41　添加"开始 / 结束"形状并输入文字

（13）为了表示流程中各个步骤之间的顺序关系，需要将所有连接线的一端改为箭头。在功能区的"开始"选项卡中单击"选择"按钮，然后在弹出的菜单中选择"按类型选择"命令，如图 8-42 所示。

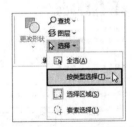

图 8-42　选择"按类型选择"命令

（14）打开"按类型选择"对话框，点选"形状角色"单选按钮，然后只勾选右侧的"连接线"复选框，如图 8-43 所示。

（15）单击"确定"按钮，关闭"按类型选择"对话框，将自动选中绘图页中的所有连接线，如图 8-44 所示。

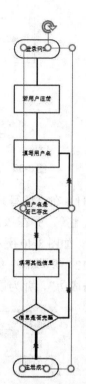

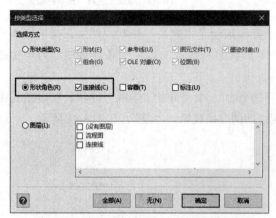

图 8-43　选中"形状角色"和"连接线"两项

图 8-44　自动选中所有连接线

（16）在功能区的"开始"选项卡中单击"线条"按钮，然后在打开的列表中选择如图 8-45 所示的箭头，将所有连接线的一端改为箭头。

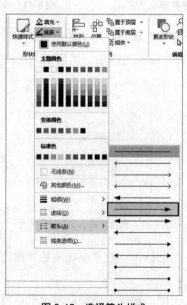

图 8-45　选择箭头样式

（17）为图表添加一个背景，并将图表标题设置为"会员注册流程"，然后可以设置形状的大小及其中文字的大小，还可以设置主题。

## 8.3　创建组织结构图

组织结构图是一种显示企业内部的部门构成、人员组成的层次关系图。在 Visio 内置的"商务"模板类别中包含用于创建组织结构图的"组织结构图"和"组织结构图向导"两种模板，使用"组织结构图"模板可以通过添加形状并完成形状之间的连接来创建组织结构图，使用"组织结构图向导"模板可以通过导入外部数据自动创建组织结构图，本节将介绍这两种方法。

### 8.3.1　手动创建组织结构图

如果组织结构图的内容比较简单，则可以使用"组织结构图"模板以手动的方式创建组织结构图。启动 Visio，单击"文件"按钮并选择"新建"命令，在"新建"界面中选择"类别"选项，然后选择"商务"模板类别（请参考图 8-1），再双击"组织结构图"模板，如图 8-46 所示。

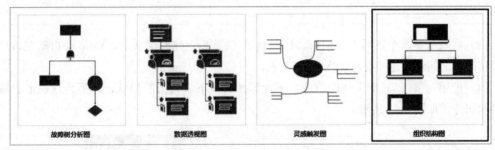

**图 8-46　双击"组织结构图"模板**

使用"组织结构图"模板创建绘图文件后，在"形状"窗格中会自动打开"带 - 组织结构图形状"模具，其中的形状用于创建组织结构图，如图 8-47 所示。

**图 8-47　"带 - 组织结构图形状"模具**

无论创建哪种类型的组织结构图，都遵循以下基本流程：

（1）将位于组织结构图中的顶层形状拖动到绘图页中，例如"带 - 组织结构图形状"模具中的"经理带"形状，如图 8-48 所示。

（2）分别双击顶层形状中显示"姓名"和"职务"的位置，然后输入姓名和职务，例如分别输入"萧展"和"部门经理"，如图 8-49 所示。

图 8-48　添加顶层形状

图 8-49　输入姓名和职务

提示

形状默认包含 5 项数据：部门、电话、姓名、职务、电子邮件，在形状上默认只显示"姓名"和"职务"。

（3）将表示第一个下属人员的形状拖动到第（1）步创建的形状上，Visio 会自动在该形状与顶层形状之间添加连接线，如图 8-50 所示。

（4）使用与第（3）步类似的方法，继续添加其他下属人员的形状，然后为这些形状输入姓名和职务，如图 8-51 所示。

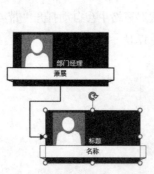

图 8-50　为顶层形状添加下属形状

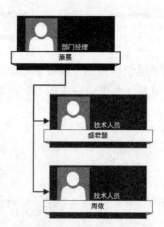

图 8-51　添加更多形状

（5）使用功能区的"组织结构图"选项卡中的命令设置组织结构图的布局和外观格式，如图 8-52 所示。

图 8-52　"组织结构图"选项卡

接下来的几个小节将介绍设置组织结构图的方法。

## 8.3.2　设置组织结构图的整体布局

创建组织结构图后，将在功能区中新增一个名为"组织结构图"的选项卡，其中的命令专门用于组织结构图。可以在该选项卡中单击"布局"按钮，然后在打开的列表中为组织结构图选择一种布局方式，如图 8-53 所示。

"排列"组中的命令用于调整组织结构图中各个形状之间的距离，以及它们在组织结构图中的位置。选择一个上级形状，然后在"排列"组中单击"显示 / 隐藏下属形状"按钮，将隐藏该形状的所有下属形状，并在该形状的右下角显示一个标记，如图 8-54 所示。再次单击该按钮将重新显示该形状的所有下属形状。

图 8-53　选择布局方式

图 8-54　隐藏下属形状后的上级形状

如需更改组织结构图中的形状级别，可以选择形状，然后在"组织结构图"选项卡中单击"更改位置类型"按钮，在打开的对话框中选择所需的选项，如图 8-55 所示。

图 8-55　更改形状的级别

---

**提 示**

隐藏下属形状和更改形状级别两种操作也可以使用鼠标快捷菜单中的命令完成。

---

### 8.3.3　更改组织结构图的形状样式

使用 Visio 内置的"组织结构图"模板创建的组织结构图中的形状默认以"带"样式显示，在"形状"窗格中自动打开的"带 - 组织结构图形状"模具的名称对应于模具中的形状样式。除了"带"样式之外，用户还可以为组织结构图中的形状设置其他样式，只需在功能区的"组织结构图"选项卡中选择一种样式，如图 8-56 所示。

图 8-56　更改形状样式

图 8-57 是同一个组织结构图的两种样式。

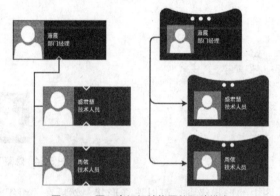

图 8-57　同一个组织结构图的两种样式

在"形状"窗格中选择"更多形状"|"商务"|"组织结构图"命令，然后在弹出的菜单中会显示适用于组织结构图的所有模具，每个模具名称开头的文字与"组织结构图"选项卡中各个样式的名称相对应，如图 8-58 所示。

图 8-58　每个模具名称开头的文字表示形状的样式名

### 8.3.4  指定在形状上显示的信息

在组织结构图中的形状上默认只显示"姓名"和"职务"两个字段。如需显示更多字段，可以在功能区的"组织结构图"选项卡中单击"形状"组右下角的对话框启动器 ⬚，打开"选项"对话框，如图 8-59 所示。

在"字段"选项卡中，"块 1"和"块 2"对应于形状上显示信息的两个区域。在"块 1"列表框中可以同时选中多个字段，以便在与其"块 1"对应的区域中同时显示这些字段的信息。在"块 2"下拉列表中只能选择一个字段，这意味着只能在与"块 2"对应的区域中显示一个字段的信息。使用"上移"和"下移"两个按钮可以调整字段在形状上的显示顺序。

图 8-60 是在形状上同时显示姓名、职务、部门 3 个字段，并将"部门"显示在"职务"的上方。

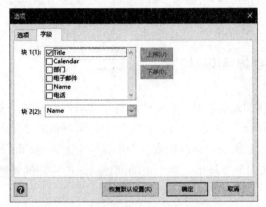

图 8-59  选择需要在形状上显示的字段

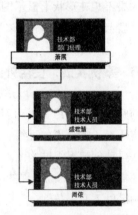

图 8-60  改变形状上显示的字段数量

**提示**

如果在形状中显示的是"部门"二字而非实际的部门名称，则需要为每个形状定义数据，将所需的部门名称设置为"部门"属性的值，或者直接双击形状中的"部门"，然后输入所需的部门名称。如果多个形状具有相同的部门，则可以同时选择这些形状，然后右击其中一个形状并选择"属性"命令，然后在"形状数据"对话框中设置"部门"属性的值，如图 8-61 所示。

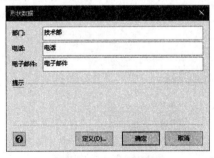

图 8-61  修改形状数据

### 8.3.5 为形状添加图片

创建组织结构图后,其中的每个形状内部都有一个半身人形图片。为了提高成员的辨识度,可以使用有意义的图片替换默认图片。选择组织结构图中的形状,然后在功能区的"组织结构图"选项卡中单击"更改"按钮,如图 8-62 所示,在打开的对话框中双击所需的图片,即可使用该图片替换原有图片,如图 8-63 所示。

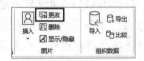

图 8-62　单击"更改"按钮

图 8-63　为形状设置图片

如果不想在形状上显示图片,则可以选择形状,然后在功能区的"组织结构图"选项卡中单击"显示 / 隐藏"按钮,请参考图 8-62。单击"删除"按钮将图片从形状中删除。

### 8.3.6 案例实战:使用外部数据自动创建组织结构图

前几个小节介绍了手动创建组织结构图的方法,显示在每个形状中的数据需要用户手动输入。实际上,如果事先已经将员工数据存储在文本文件或 Excel 文件中,则可以通过导入数据的方法自动创建组织结构图,文件中的各项数据会自动添加到各个形状中,无须手动输入,这种方法需要使用 Visio 内置的"组织结构图向导"模板。用于自动创建组织结构图的外部数据需要满足以下两个条件:

- 外部数据所在的表中必须有一列表示的是姓名,该列的标题是什么不重要,但是该列中的数据必须表示人员的姓名。
- 外部数据所在的表中必须有一列表示的是人员的隶属关系,该列的标题是什么仍然不重要,但是该列中的数据表示的是人员的上级领导的姓名或编号,Visio 通过该项可以自动确定各个形状在组织结构图中的级别。如果人员的级别位于组织结构图的顶端,则无须填写此项。

图 8-64 是本例用于创建组织结构图的外部数据,它存储在 Excel 文件中,该数据有两个部门,每个部门有 1 个部门经理和 2 个下属,"杨过"是最高领导,由于他没有上级领导,所以将"上级领导"列留空。

| | A | B | C | D | E |
|---|---|---|---|---|---|
| 1 | 姓名 | 部门 | 职务 | 上级领导 | 性别 |
| 2 | 杨过 | | 总经理 | | 男 |
| 3 | 萧展 | 技术部 | 部门经理 | 杨过 | 男 |
| 4 | 盛君慧 | 技术部 | 技术人员 | 萧展 | 女 |
| 5 | 周依 | 技术部 | 技术人员 | 萧展 | 女 |
| 6 | 柴绍臣 | 市场部 | 销售人员 | 樊令清 | 男 |
| 7 | 宋雨王 | 市场部 | 销售人员 | 樊令清 | 女 |
| 8 | 樊令清 | 市场部 | 部门经理 | 杨过 | 男 |

图 8-64　需要导入的数据

通过导入外部数据自动创建组织结构图的操作步骤如下:

(1)启动 Visio,单击"文件"按钮并选择"新建"命令,在"新建"界面中选择"类别"选项，然后选择"商务"模板类别，再双击"组织结构图向导"模板，如图 8-65 所示。

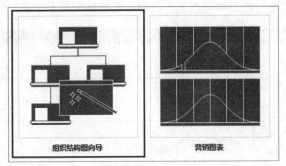

图 8-65　双击"组织结构图向导"模板

（2）打开"组织结构图向导"对话框，点选"已存储在文件或数据库中的信息"单选按钮，然后单击"下一步"按钮，如图 8-66 所示。

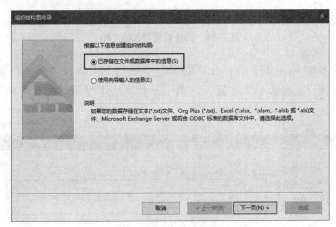

图 8-66　选择导入数据的方式

（3）进入如图 8-67 所示的界面，由于本例数据存储在 Excel 文件中，所以在列表框中选择"文本、Org Plus（＊.txt）或 Excel 文件"选项，然后单击"下一步"按钮。

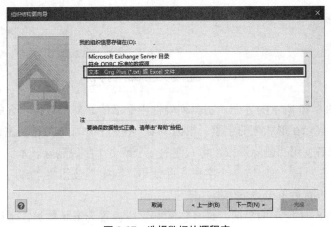

图 8-67　选择数据的源程序

（4）进入如图 8-68 所示的界面，单击"浏览"按钮，在打开的对话框中双击需要导入的文件，所选文件的完整路径被自动填入文本框中，然后单击"下一步"按钮。

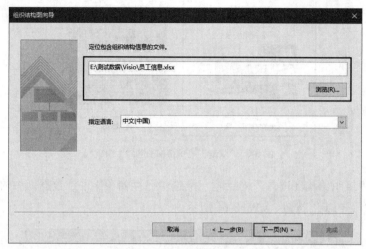

图 8-68　选择需要导入的文件

（5）进入如图 8-69 所示的界面，在"姓名"下拉列表中选择"姓名"字段，在"直属领导"下拉列表中选择"上级领导"字段，这两个下拉列表中显示的选项对应于 Excel 文件中各列的标题，设置后单击"下一步"按钮。

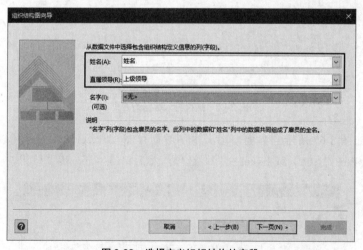

图 8-69　选择定义组织结构的字段

（6）进入如图 8-70 所示的界面，左侧列表框中显示的是外部数据包含的字段，右侧列表框中显示的是将会显示在形状上的字段。根据需要，使用"添加"按钮将左侧的一个或多个字段添加到右侧，或者使用"删除"按钮将右侧的一个或多个字段删除。本例在右侧列表框中添加了"姓名""职务"和"部门"3 个字段，并使用"向上"按钮将"部门"字段移动到"职务"字段的上方，设置后单击"下一步"按钮。

（7）进入如图 8-71 所示的界面，选择将哪些字段设置为形状数据，本例将所有字段都设置为形状数据，设置后单击"下一步"按钮。

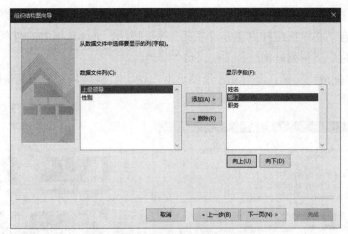

**图 8-70　添加需要显示在形状上的字段**

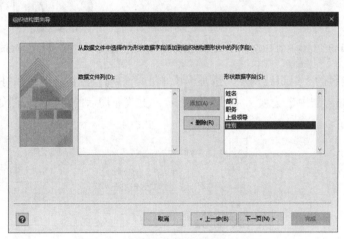

**图 8-71　选择将哪些字段设置为形状数据**

（8）进入如图 8-72 所示的界面，选择是否为组织结构图中的形状插入图片，本例点选"不包括我的组织结构图中的图片"单选按钮，然后单击"下一步"按钮。

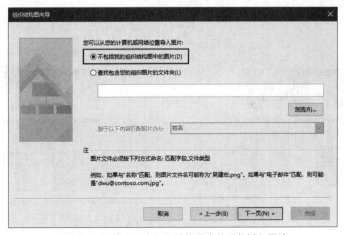

**图 8-72　选择是否为组织结构图中的形状插入图片**

（9）进入如图 8-73 所示的界面，选择是否让 Visio 自动安排组织结构图的页面分布方式，此处点选"向导自动将组织结构内容分成多页"单选按钮，并勾选下方的两个复选框，然后在"页面顶部的名称"下拉列表中选择顶层人员"杨过"。

（10）单击"完成"按钮，将自动在绘图页中创建如图 8-74 所示的组织结构图。

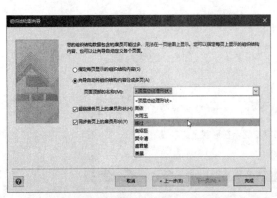

图 8-73　选择组织结构图的页面分布方式和顶层人员

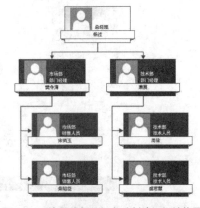

图 8-74　使用外部数据自动创建组织结构图

（11）在功能区的"组织结构图"选项卡中单击"布局"按钮，然后在打开的列表中选择"水平"类别中的"居中"选项，如图 8-75 所示，更改布局后的组织结构图如图 8-76 所示。

图 8-75　选择"居中"选项

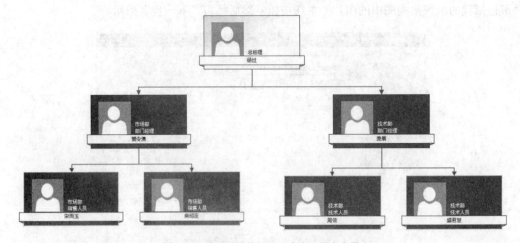

图 8-76　将组织结构图更改为水平居中布局

（12）为组织结构图添加标题，并可以设置背景和主题，完成后的组织结构图如图 8-77 所示。

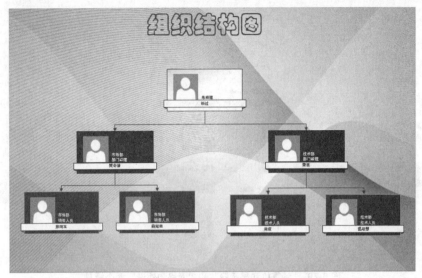

图 8-77　制作完成的组织结构图

# 8.4　创建网络图

使用 Visio 内置的"网络图"模板类别中的"基本网络图"模板，可以创建计算机和网络设备的布局连接示意图。如需创建更详细的网络布局图，可以使用该模板类别中的"详细网络图"模板。与"基本网络图"模板相比，"详细网络图"模板提供了更丰富的网络形状。本节将介绍使用"基本网络图"模板创建网络图的方法。

## 8.4.1　创建网络图的基本方法

启动 Visio，单击"文件"按钮并选择"新建"命令，在"新建"界面中选择"类别"选项，然后选择"网络"模板类别，请参考图 8-18，再双击"基本网络图"模板，如图 8-78 所示。

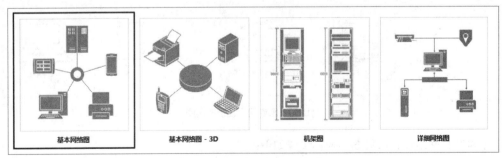

图 8-78　双击"基本网络图"模板

使用"基本流程图"模板创建绘图文件后，在"形状"窗格中会自动打开"计算机和显示器"和"网络和外设"两个模具，其中的形状用于创建网络图，如图 8-79 所示。

图 8-79 "计算机和显示器"和"网络和外设"两个模具

## 8.4.2 案例实战：创建家庭网络设备布局图

本例以"基本网络图"模板中的"基本家庭网络"图表为目标，创建一个完全相同的图表，目的是介绍创建网络图的基本方法，创建其他网络图时可以举一反三。完成后的家庭网络设备布局图如图 8-80 所示。

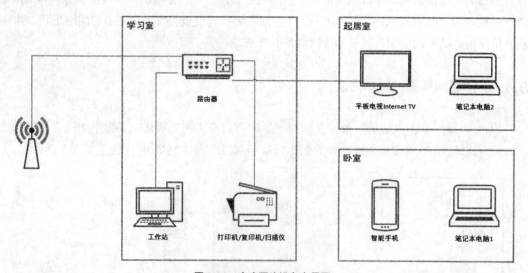

图 8-80 家庭网络设备布局图

创建家庭网络设备布局图的操作步骤如下：

（1）使用"基本网络图"模板创建一个空白绘图文件，然后在功能区的"设计"选项卡中将主题设置为"序列",如图 8-81 所示。

图 8-81　将主题设置为"序列"

(2)将"计算机和显示器"模具中的"无线访问点"和"PC"两个形状拖动到绘图页中,将"网络和外设"模具中的"路由器"和"多功能设备"两个形状拖动到绘图页中,然后调整这几个形状的位置,如图 8-82 所示。

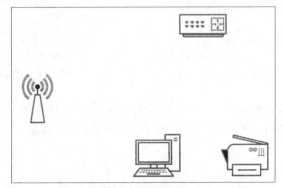

图 8-82　添加 4 个形状并调整它们的位置

(3)在绘图页中同时选中除了"无线访问点"之外的其他 3 个形状,然后右击选中的任意一个形状,在弹出的菜单中选择"容器"|"添加到新容器"命令,如图 8-83 所示。

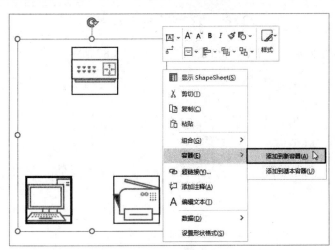

图 8-83　选择"添加到新容器"命令

(4)Visio 自动将 3 个形状组织到一个容器中,然后为这 3 个形状输入名称,并为容器输入标题,如图 8-84 所示。

(5)将"计算机和显示器"模具中的"LCD 显示器"和"笔记本电脑"两个形状拖动到

绘图页中，需要添加两个"笔记本电脑"形状。然后将"网络和外设"模具中的"智能手机"形状拖动到绘图页中，并为这 4 个形状输入名称，如图 8-85 所示。

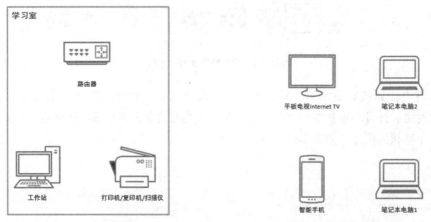

图 8-84 为形状和容器输入文字                   图 8-85 添加 4 个形状

（6）为"平板电视 Internet TV"和"笔记本电脑 2"两个形状创建一个容器，然后为"智能手机"和"笔记本电脑 1"两个形状创建一个容器，并为两个容器输入标题，如图 8-86 所示。

图 8-86 为形状创建容器并输入标题

（7）调整无线访问点与 3 个容器之间的位置，如图 8-87 所示。

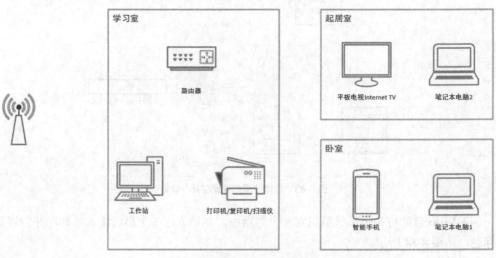

图 8-87 调整形状和容器的位置

（8）确保已勾选功能区的"视图"选项卡中的"自动连接"复选框，然后拖动形状上的自动连接箭头在各个形状之间添加连接线，如图 8-88 所示。

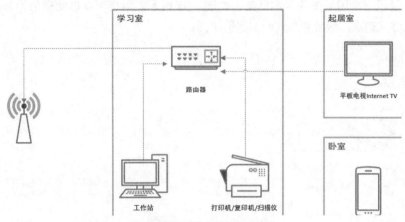

图 8-88　在形状之间添加连接线

（9）将所有连接线的箭头端改为普通线条，并将线型从原来的虚线改为实线，所需使用的命令位于功能区的"开始"选项卡的"线条"按钮中。

## 8.5　创建因果图

因果图也称为鱼骨图，是一种发现问题"根本原因"的方法，具有简洁实用、深入直观等特点。由于因果图看起来像鱼骨，所以也将其称为鱼骨图。创建因果图时，将问题标在"鱼头"处，将产生问题的多种因素标在从鱼骨上长出的鱼刺处，可以在鱼刺处对每种因素进行细化，以便更好地分析各种因素如何影响结果。使用 Visio 内置的"商务"模板类别中的"因果图"模板可以创建因果图，本节将介绍使用该模板创建因果图的方法。

### 8.5.1　创建因果图的基本方法

启动 Visio，单击"文件"按钮并选择"新建"命令，在"新建"界面中选择"类别"选项，然后选择"商务"模板类别，请参考图 8-18，再双击"因果图"模板，如图 8-89 所示。

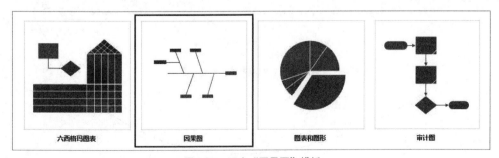

图 8-89　双击"因果图"模板

使用"因果图"模板创建绘图文件后，在"形状"窗格中会自动打开"箭头形状"和"因果图形状"两个模具，使用"因果图形状"模具中的形状创建因果图，如图 8-90 所示。在绘图页中默认显示一个因果图的基本框架，如图 8-91 所示，用户可以以此框架为起点创建因果图，也可以将其删除，然后从头开始创建因果图。

图 8-90 "因果图形状"模具中的形状图

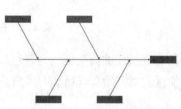

图 8-91 默认的因果图框架

## 8.5.2 案例实战：创建市场营销因果图

本例以市场营销因果图为例，介绍创建因果图的方法，本例效果如图 8-92 所示。创建市场营销因果图的操作步骤如下：

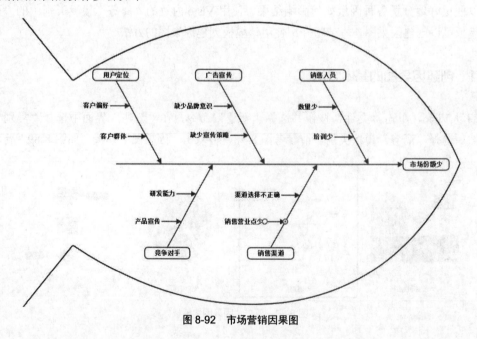

图 8-92 市场营销因果图

（1）使用"因果图"模板创建一个空白绘图文件，然后将主题设置为"无主题"，请参考图 8-22。

（2）单击绘图页中的任意位置，按 Ctrl+A 组合键，然后按 Delete 键，将绘图页中默认的因果图框架删除。

（3）将"因果图形状"模具中的"效果"形状拖动到绘图页中，创建一条鱼骨，如图 8-93 所示。

图 8-93　"效果"形状

（4）由于本例因果图的鱼骨上有 5 个类别（鱼刺），3 个在鱼骨上方，2 个在鱼骨下方，所以需要在绘图页中添加"因果图形状"模具中的 3 个"类别 1"形状和 2 个"类别 2"形状。将这些形状一端的箭头拖动到鱼骨上时会自动显示连接点，如图 8-94 所示，将形状放置到鱼骨上的合适位置即可，放置后的 5 个类别形状如图 8-95 所示。

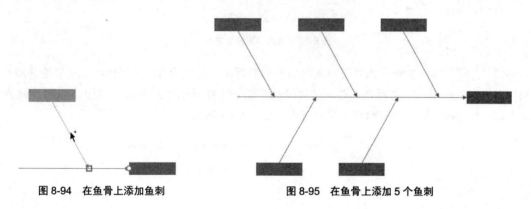

图 8-94　在鱼骨上添加鱼刺　　　　　图 8-95　在鱼骨上添加 5 个鱼刺

**提示**

如果鱼骨的长度不够，可以选中鱼骨，然后使用鼠标拖动两端的选择手柄增加鱼骨的长度。

（5）在鱼刺上为每个类别添加细化内容，本例中的每根鱼刺上都有两个细化内容，所以需要将"因果图形状"模具中"主要原因 1"形状或"主要原因 2"形状添加到绘图页中。本例使用"主要原因 1"形状，在每根鱼刺上添加两个"主要原因 1"形状，完成后如图 8-96 所示。

（6）创建好因果图的框架后，接下来就可以在每个形状中输入文字了。单击鱼骨，然后输入"市场份额少"，再为 5 根鱼刺及其细化内容输入文字，如图 8-97 所示。

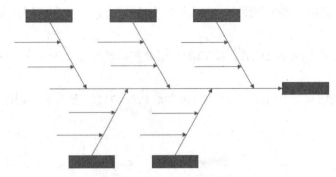

图 8-96　在鱼刺上添加细化内容

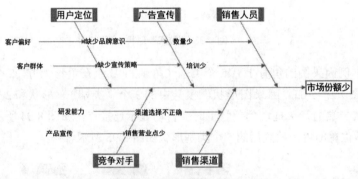

图 8-97　为因果图添加文字

（7）为了使所有的细化内容可以紧贴着右侧的箭头，并使所有文字更紧凑，可以选择所有细化内容对应的形状，然后在功能区的"开始"选项卡中单击"右对齐"按钮，如图 8-98 所示，调整后的细化内容会紧贴着右侧的箭头，如图 8-99 所示。

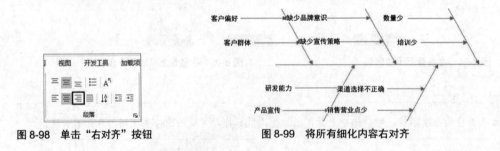

图 8-98　单击"右对齐"按钮　　　　　图 8-99　将所有细化内容右对齐

（8）分别单击每个细化内容的箭头，然后向右拖动右端点，适当缩短箭头的长度，使文字和形状的排版更紧凑，如图 8-100 所示。重复该操作，直到调整好所有箭头的长度。

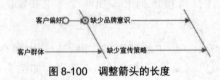

图 8-100　调整箭头的长度

（9）为了使整个图表看起来更像鱼骨，可以将"因果图形状"模具中的"鱼骨框架"形状拖动到绘图页中，请参考图 8-84，使其作为因果图的外轮廓。

## 8.6　创建软件和数据库模型图

在 Visio 内置的"软件和数据库"模板类别中包含大量模板，使用这些模板可以创建与软件开发和数据库相关的很多图表，例如 COM 和 OLE 图、UML 类图、UML 用例图、UML 组件图、数据流图、软件界面图、数据库模型图等。本节将介绍创建 UML 模型图和数据库模型图的方法。

### 8.6.1　创建 UML 模型图

UML（统一建模语言）是绘制软件模型、草拟设计或记录现有设计和系统的标准方法。Visio 内置了很多用于创建 UML 模型图的模板，这些模板位于"软件和数据库"模板类别中，如图 8-101 所示。

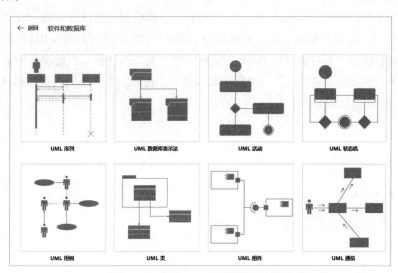

图 8-101　创建 UML 模型图的相关模板

每一种 UML 模板适用于一种特定类型的 UML 图，表 8-1 说明了这些模板的作用。

表 8-1　UML 模板简介

| 模 板 名 称 | 可创建的图表 | 说　　　明 |
| --- | --- | --- |
| UML 类 | 类图 | 显示系统中的各个类及其属性和方法，以及各个类之间的关系 |
| UML 组件 | 组件图 | 显示组件、端口、接口，以及它们之间的关系 |
| UML 用例 | 用例图 | 显示参与者与系统之间的关系和交互方式，参与者可以是人员、组织或其他系统 |

| 模 板 名 称 | 可创建的图表 | 说　　明 |
|---|---|---|
| UML 序列 | 序列图 | 显示对象之间交互时的时间顺序 |
| UML 活动 | 活动图 | 显示满足用例要求所要进行的活动以及活动间的关系 |
| UML 部署 | 部署图 | 显示系统的物理部署，以及它们之间的关联关系 |
| UML 通信 | 通信图 | 显示对象之间交互时的上下级关系，而非时间顺序 |
| UML 状态机 | 状态图 | 显示对象所有可能的状态，以及事件发生时状态的转移条件 |
| UML 数据库表示法 | 数据库模型图 | 为数据库建模 |

　　不同类型的 UML 图中的形状具有不同的含义，只要理解每种形状的含义，实际的创建过程并无本质区别，都是在绘图页中添加形状，然后使用连接线将各个形状连接在一起。下面以 UML 类图为例，介绍创建 UML 模型图的方法。

　　UML 类图是在面向对象程序设计中建模的常用方法，由分类器、特征和关系 3 种元素组成。分类器是指 UML 类图中的各个类，特征是指类的属性和方法，关系是指各个类之间是如何相关的，包括依赖、继承、关联、聚合等多种方式。

　　使用"软件和数据库"模板类别中的"UML 类"模板创建绘图文件后，在"形状"窗格中会自动打开"UML 类"模具，其中的形状用于创建 UML 类图，如图 8-102 所示。

　　如需创建分类器，可以将"UML 类"模具中的"类"形状拖动到绘图页中。分类器由叠加在一起的 3 个矩形框组成，在第一个框中输入类名，在第二个框中输入类的属性，在第三个框中输入类的方法，如图 8-103 所示。

图 8-102　"UML 类"模具

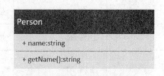

图 8-103　创建分类器

　　输入属性和方法时，需要在它们的开头添加 +、-、# 等符号，以便设置属性和方法的可见性。属性的格式是：

可见性 属性名 : 类型 [= 默认值 ]

方法的格式是：

可见性 方法名（参数类型 参数 ,...）: 返回值类型

　　如果一个类包含多个属性和方法，则可以将"UML 类"模具中的"成员"形状拖动到绘图页的"类"形状中，以便为类添加更多的属性和方法，如图 8-104 所示。

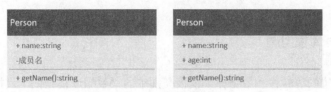

**图 8-104　在类中添加更多成员**

　　在绘图页中创建所需的分类器之后，需要将"UML 类"模具中表示关系的连接线添加到各个类之间，如图 8-105 所示。

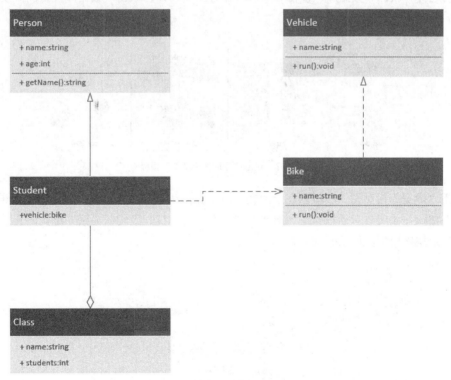

**图 8-105　在类之间建立关系**

　　如需更改类之间的关系类型，可以右击关系连接线，在弹出的菜单中选择"设置连接线类型"，然后在子菜单中选择所需的关系类型，如图 8-106 所示。

图 8-106　更改关系类型

### 8.6.2　创建数据库模型图

使用 Visio 内置的"软件和数据库"模板类别中的"数据库模型图"模板，可以创建新的数据库模型或将现有数据库逆向转换为模型。本小节主要介绍创建新的数据库模型的方法，该方法需要用户手动添加多个表并为它们设置关系。

启动 Visio，单击"文件"按钮并选择"新建"命令，在"新建"界面中选择"类别"选项，然后选择"软件和数据库"模板类别，请参考图 8-18，再双击"数据库模型图"模板，如图 8-107 所示。

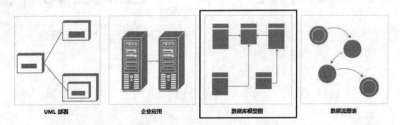

图 8-107　双击"数据库模型图"模板

使用"数据库模型图"模板创建绘图文件后，会自动显示"反向工程向导"对话框，单击"取消"按钮，关闭该对话框。在"形状"窗格中会自动打开"实体关系"模具，其中的形状用于创建数据库模型，如图 8-108 所示。

图 8-108　"实体关系"模具

> **提示**
>
> Visio 还内置了一个名为"对象关系"的模具，可以手动在"形状"窗格中打开该模具，其中的形状也用于创建数据库模型。"对象关系"模具是为基于 SQL99 和更高标准的数据库创建模型，而"实体关系"模具是为基于 SQL92 和早期标准的数据库创建模型。

如需创建数据库模型图，可以将"实体关系"模具中的"实体"形状拖动到绘图页中，添加到绘图页中的每个"实体"形状都对应于数据库中的一个表。在绘图页中双击"实体"形状，打开"数据库属性"窗格，在左侧的"类别"列表框中选择"定义"选项，然后在右侧设置表的名称和命名空间等信息，如图 8-109 所示。

**图 8-109　设置表的名称和相关信息**

> **提示**
>
> 如需为"物理名称"和"概念名称"设置不同的名称，需要取消勾选"键入时同步名称"复选框。

设置好表的名称后，在"类别"列表框中选择"列"选项，然后在右侧设置表中各列的名称和数据类型，如图 8-110 所示。如需将某一列设置为表的主键，需要勾选该列的"PK"复选框。如果不想在列中出现 Null 值，则需要勾选"必需的"复选框。

**图 8-110　在表中创建列**

如需对列进行详细的设置，可以在单击列中的任意一个单元格，然后单击"数据库属性"窗格中的"编辑"按钮，在打开的对话框中进行设置，如图 8-111 所示。

创建好一个表后，单击"数据库属性"窗格右上角的"关闭"按钮 ✕。创建后的表如图 8-112 所示，开头显示"PK"的列是表的主键。

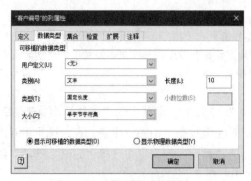

图 8-111　对列进行详细设置

图 8-112　创建表

使用相同的方法，在数据库模型中创建其他所需的表，如图 8-113 所示。

图 8-113　创建完成的所有表

完成后需要在各个表之间建立关系。将"实体关系"模具中的"关系"形状拖动到绘图页中，如图 8-114 所示，将高位置一端连接到父表，将低位置一端连接到子表，如果两个表之间存在匹配字段，则会自动在子表中的匹配字段的开头显示"FK1"，表示该字段是外键（本例是"客户编号"字段），如图 8-115 所示。

图 8-114　"关系"形状　　　　　　　　　　图 8-115　为两个表建立关系

提示

父表和子表是"一对多"关系中对两个表的称呼。在一对多关系中，第一个表中的每条记录在第二个表中有一条或多条匹配的记录，而第二个表中的每条记录在第一个表中只有一条匹配的记录。将第一个表称为"父表"，将第二个表称为"子表"。

根据表之间的关系，继续为其他表建立关系，完成后如图 8-116 所示。

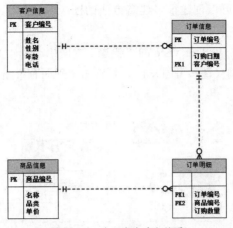

图 8-116　为所有表建立关系

提示

创建好数据库模型后，可以在功能区的"数据库"选项卡中单击"显示选项"按钮，然后在打开的对话框中选择想要使用的符号集以及其他表和关系选项，如图 8-117 所示。

图 8-117　设置数据库模型图的显示选项

# 8.7　创建建筑、机械和电气工程图

除了创建相对简单的图表之外，在 Visio 中还可以创建建筑、机械、电气等专业性更高、结构更复杂的图表，本节将介绍创建这些图表的方法。

## 8.7.1　创建建筑平面布置图

在 Visio 内置的"地图和平面布置图"模板类别中包含 16 种模板，使用这些模板不仅

可以创建平面布置图，还可以创建很多建筑方面的图表，例如"BPMN 图""IDEFO 图"和
"SDL 图"等模板。

如需创建平面布置图，可以在 Visio 的"新建"界面中选择"类别"选项，然后选择"地
图和平面布置图"模板类别（请参考图 8-1），再双击"平面布置图"模板，如图 8-118 所示。

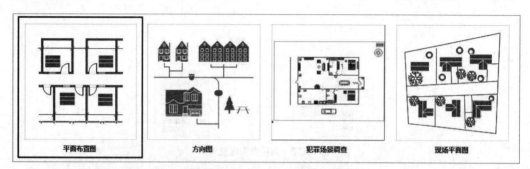

图 8-118　双击"平面布置图"模板

使用"平面布置图"模板创建绘图文件后，在"形状"窗格中会自动打开"墙壁、外壳和
结构""旅游点标识""电气和电信""绘图工具形状""尺寸度量 - 工程"等模具，使用这些
模具中的形状创建平面布置图，如图 8-119 所示。

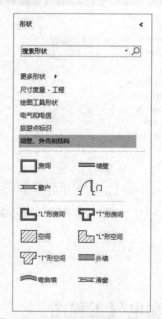

图 8-119　用于创建平面布置图的模具

---

提示

　　使用 Visio 内置的模板创建建筑类图表时，会自动为绘图页设置特定的绘图比例，绘图比例指定绘
图页中的距离如何表示实际距离。例如，如果绘图比例是 1:50，则表示使用 2cm 代表 1m。如需更改绘
图比例，可以右击绘图页，在弹出的菜单中选择"页面设置"命令，然后在打开的"页面设置"对话框
的"绘图缩放比例"选项卡中进行设置，如图 8-120 所示。

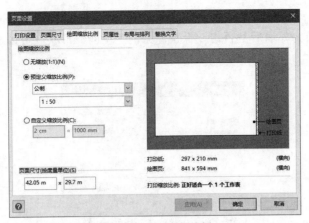

图 8-120  设置绘图比例

创建平面布置图的一般流程是在绘图页中依次添加外墙、内墙、门窗、楼梯等建筑结构，然后添加电气符号，还可以添加尺寸线。创建平面布置图的首要工作通常是在绘图页中创建外墙，用于确定建筑物的外围界限。

创建外墙有两种方法：一种方法是将"墙壁、外壳和结构"模具中的"空间"形状拖动到绘图页中，然后将该形状转换为外墙；另一种方法是将"墙壁、外壳和结构"模具中的"外墙"形状拖动到绘图页中，然后调整其尺寸，并将多个"外墙"形状彼此连接在一起。

如需使用第一种方法，可以将"墙壁、外壳和结构"模具中的"空间"形状拖动到绘图页中，然后调整其大小到合适为止。右击绘图页中的"空间"形状，在弹出的菜单中选择"转换为墙壁"命令，如图 8-121 所示。

图 8-121  选择"转换为墙壁"命令

打开如图 8-122 所示的"转换为墙壁"对话框，在"墙壁形状"列表框中选择"外墙"，然后可以设置以下几个选项：

● 如果勾选"添加尺寸"复选框，则会在转换为外墙后自动为其添加尺寸标注。

- 如果勾选"添加参考线"复选框，则会在转换为外墙后自动显示参考线。
- 根据在转换为外墙后是否想要保留原来的"空间"形状，可以选择"删除"或"保留"选项。

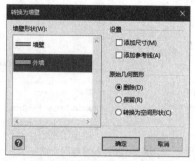

图 8-122　设置转换为外墙的选项

单击"确定"按钮，将绘图页中的"空间"形状转换为外墙，如图 8-123 所示。

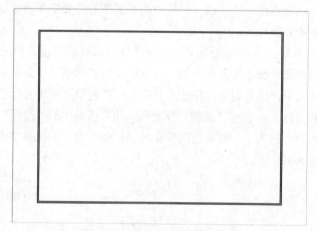

图 8-123　将"空间"形状转换为外墙

如需使用"外墙"形状手动创建外墙，可以将"墙壁、外壳和结构"模具中的"外墙"形状拖动到绘图页中，然后调整其大小。继续在绘图页中添加该形状，并将其一个端点粘附到另一个"外墙"形状的一个端点上，操作方法与绘制和连接其他形状类似。

手动创建外墙还可以使用另一种方法，首先在功能区的"开始"选项卡中单击"连接线"按钮，然后在"墙壁、外壳和结构"模具中单击"外墙"形状，鼠标指针将变为↘，在绘图页中的水平或垂直方向上拖动鼠标，将创建一面外墙，如图 8-124 所示。

图 8-124　创建一面外墙

将鼠标指针移动到已创建的外墙的一个端点上，当显示绿色方框的粘附标记时，在鼠标指针上会显示十字形，如图 8-125 所示，此时拖动鼠标，创建另一面外墙，两面外墙会自动相连，如图 8-126 所示。

图 8-125　鼠标指针显示十字形　　　　　　图 8-126　自动相连的两面外墙

　　使用相同的方法，继续创建外墙的其他面，最后完成整个外墙。

　　无论使用哪种方法创建外墙，在拖动外墙的任意一边时，该边会与外墙的其他部分脱离。为了避免这种情况，可以为外墙添加参考线，然后拖动参考线，外墙的各边会始终连接在一起而不会脱离。为外墙添加参考线的一种方法是在"转换为墙壁"对话框中勾选"添加参考线"复选框；另一种方法是在绘图页中右击外墙的一个面，然后在弹出的菜单中选择"添加一条参考线"命令，将为该面外墙添加参考线，如图 8-127 所示。使用相同的方法为外墙的其他面添加参考线。

　　创建好外墙后，将"墙壁、外壳和结构"模具中的"墙壁"形状拖动到绘图页中，以便创建内墙。使用该模具中的一些形状可以创建特殊形状的房间和空间。为了使墙壁符合所需的要求，可以右击绘图页中的墙壁形状，在弹出的菜单中选择"属性"命令，然后在打开的对话框中设置墙壁的参数，如图 8-128 所示。

图 8-127　选择"添加一条参考线"命令

图 8-128　设置墙壁的参数

　　添加好外墙和内墙后，接下来需要在墙壁上添加门和窗户。将"墙壁、外壳和结构"模具中的"门"或"窗户"形状拖动到绘图页中的墙壁形状上，会自动将"门"和"窗户"融入墙壁形状中，如图 8-129 所示。

如需改变门开的方向，可以右击绘图页中的"门"形状，在弹出的菜单中选择如图 8-130 所示的命令。

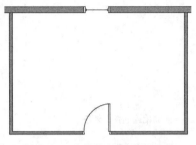

图 8-129 在墙壁上添加门和窗户

图 8-130 控制门的打开方向

在墙壁上添加好门和窗户后，剩下的工作是将其他所需的设施和设备添加到建筑内，例如楼梯、电梯、货梯、洗手间的设备等，如图 8-131 所示。

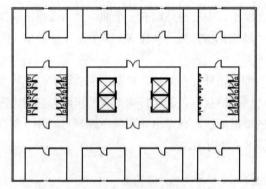

图 8-131 添加其他设施和设备

## 8.7.2 创建机械部件和组件图

如需创建机械部件和组件图，可以启动 Visio，单击"文件"按钮并选择"新建"命令，在"新建"界面中选择"类别"选项，然后选择"工程"模板类别（请参考图 8-1），再双击"部件和组件绘图"模板，如图 8-132 所示。

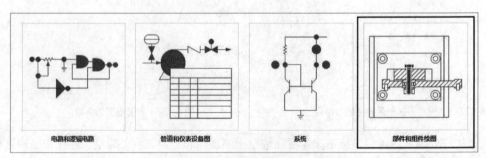

图 8-132 双击"部件和组件绘图"模板

使用该模板创建绘图文件后，在"形状"窗格中会自动打开"紧固件 1""紧固件 2""弹簧和轴承""焊接符号"等模具，使用这些模具中的形状创建部件和组件图，如图 8-133 所示。

图 8-133　用于创建部件和组件图的模具

根据需要创建的部件和组件，从相应的模具中将形状拖动到绘图页中，即可创建所需的部件和组件图。

### 8.7.3　创建基本电气图

如需创建基本电气图，可以启动 Visio，单击"文件"按钮并选择"新建"命令，在"新建"界面中选择"类别"选项，然后选择"工程"模板类别（请参考图 8-1），再双击"基本电气"模板，如图 8-134 所示。

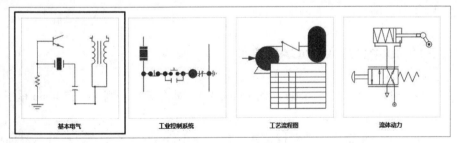

图 8-134　双击"基本电气"模板

使用该模板创建绘图文件后，在"形状"窗格中会自动打开"基本项""限定符号""半导体和电子管""开关和继电器"等模具，使用这些模具中的形状创建基本电气图，如图 8-135 所示。

　　根据需要创建的电气图中包含的电子器件，从相应的模具中将形状拖动到绘图页中，并完成连接即可。图 8-136 所示是创建的基本电气图。

图 8-135　用于创建基本电气图的模具

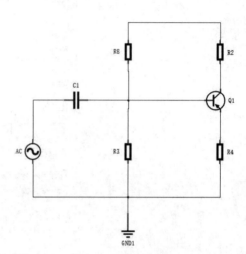

图 8-136　基本电气图

## 8.8　整合 AutoCAD 和 Visio

　　Visio 支持 AutoCAD 绘图格式，用户可以在 Visio 中打开 AutoCAD 绘图，也可以在 Visio 绘图文件中插入 AutoCAD 绘图，还可以将在 Visio 中创建的绘图转换为 AutoCAD 绘图格式。如果使用的是 Visio 标准版或专业版，则可以在 Visio 中导入 AutoCAD 2007 或更早版本创建的 .dwg 和 .dxf 文件。如果导入 AutoCAD 绘图文件时出现错误，则通常是由于 AutoCAD 文件格式不受 Visio 程序的支持。

### 8.8.1　在 Visio 中打开 AutoCAD 文件

　　如果 AutoCAD 文件是由 Visio 支持的 AutoCAD 版本创建的，则可以在 Visio 程序中打开该 AutoCAD 文件，操作步骤如下：

　　（1）启动 Visio，单击"文件"按钮并选择"打开"命令，然后在"打开"界面中选择"浏览"命令。

　　（2）打开"打开"对话框，将文件类型设置为"AutoCAD 绘图"，如图 8-137 所示。

　　（3）在"打开"对话框中双击一个 AutoCAD 文件，将在 Visio 中自动创建一个绘图文件，并将该 AutoCAD 文件中的图形放置到一个空白绘图页中，如图 8-138 所示。

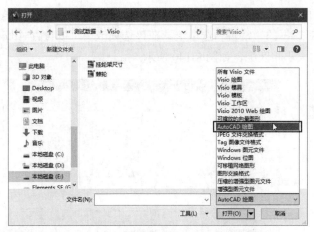

图 8-137　将文件类型设置为"AutoCAD 绘图"

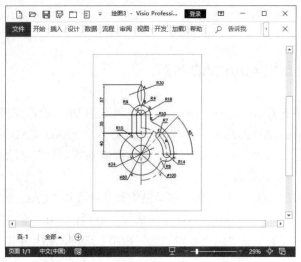

图 8-138　在 Visio 中打开 AutoCAD 文件

## 8.8.2　在 Visio 绘图文件中插入 AutoCAD 图形

除了在 Visio 中打开 AutoCAD 文件之外，还可以在 Visio 绘图文件中插入 AutoCAD 图形，操作步骤如下：

（1）在 Visio 中打开一个绘图文件，选择需要插入 AutoCAD 图形的绘图页，然后在功能区的"插入"选项卡中单击"CAD 绘图"按钮，如图 8-139 所示。

图 8-139　单击"CAD 绘图"按钮

（2）在打开的对话框中双击 AutoCAD 文件，即可将其插入到当前绘图页中，并自动打开
"CAD 绘图属性"对话框的"常规"选项卡，在该选项卡中可以设置 AutoCAD 图形的缩放比
例，以便与绘图页的大小相匹配，如图 8-140 所示。

图 8-140　在绘图页中插入 AutoCAD 图形并设置缩放比例

### 8.8.3　在 Visio 中编辑 AutoCAD 绘图

无论是在 Visio 中打开 AutoCAD 文件，还是在现有的 Visio 绘图文件中插入 AutoCAD 图
形，实际上都是将 AutoCAD 图形导入到 Visio 中。导入后的 AutoCAD 图形默认处于保护状
态，用户无法编辑它，包括移动、旋转、调整大小和删除等。只有解除保护状态，才能编辑
AutoCAD 图形，解除保护状态有以下两种方法：

- 右击绘图页中的 AutoCAD 图形，在弹出的菜单中选择"CAD 绘图对象"|"属性"命
令，如图 8-141 所示。打开"CAD 绘图属性"对话框，在"常规"选项卡中取消勾选
"锁定大小和位置"和"锁定以防删除"两个复选框，然后单击"确定"按钮，如图
8-142 所示。

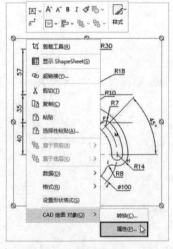

图 8-141　选择"属性"命令

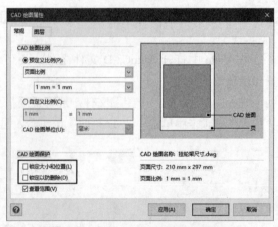

图 8-142　取消 AutoCAD 图形的保护状态

● 选择绘图页中的 AutoCAD 图形，然后在功能区的"开发工具"选项卡中单击"保护"按钮，如图 8-143 所示。打开"保护"对话框，取消勾选与大小、位置和删除相关的复选框，例如"宽度""高度""X 位置""Y 位置"和"阻止删除"等复选框，最后单击"确定"按钮，如图 8-144 所示。

图 8-143　单击"保护"按钮　　　　　　图 8-144　取消 AutoCAD 图形的保护状态

如需在 Visio 中编辑 AutoCAD 图形中的内容，需要先执行转换操作，然后才能像编辑 Visio 中的形状那样编辑 AutoCAD 图形。需要注意的是，转换后的 AutoCAD 图形中的某些细节、精度或高级特性有可能会丢失。在 Visio 中转换 AutoCAD 图形的操作步骤如下：

（1）右击绘图页中的 AutoCAD 图形，在弹出的菜单中选择"CAD 绘图对象"|"转换"命令，请参考图 8-122。

（2）打开"转换 CAD 对象"对话框，在列表框中选择需要转换的图层，然后单击"高级"按钮，如图 8-145 所示。

（3）打开如图 8-146 所示的对话框，对转换的细节进行设置。

图 8-145　选择需要转换的图层　　　　　　图 8-146　设置转换的细节

（4）单击两次"确定"按钮，将 AutoCAD 图形转换为可在 Visio 中编辑的形状，图 8-147 是转换前和转换后的 AutoCAD 图形。

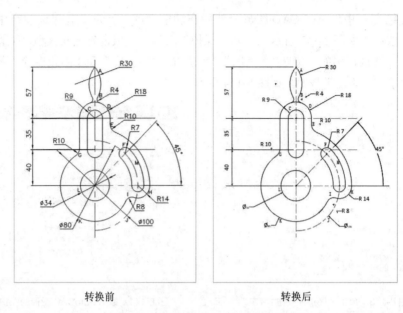

| 转换前 | 转换后 |
|---|---|

图 8-147　转换前和转换后的 AutoCAD 图形

## 8.8.4　将 Visio 绘图转换为 AutoCAD 格式

不但可以在 Visio 中打开或插入 AutoCAD 文件，也可以将在 Visio 中创建好的图表转换为 AutoCAD 文件，操作步骤如下：

（1）在 Visio 中打开一个绘图文件，选择需要转换为 AutoCAD 文件的绘图页。

（2）单击"文件"按钮并选择"另存为"命令，在"另存为"界面中选择"浏览"命令，然后在打开的对话框中选择一种 AutoCAD 文件格式，并设置文件名和保存位置，最后单击"保存"按钮，如图 8-148 所示。

图 8-148　选择一种 AutoCAD 文件格式